科技论文写作引论

李士勇　田新华　编著

哈尔滨工业大学出版社

内容提要

本书依据国家标准,从系统科学、思维科学和科学方法论的角度,阐述学位论文、学术论文和科技报告的写作目的、内容组织、结构设计、文字表达、思维形式、论证方法、写作规范、学术规范等。内容包括各类科技论文的题目、摘要、关键词、引言(绪论)、正文、结论、参考文献、附录等的定义、结构、特点及其撰写方法、评价标准与常见问题。写作上坚持系统化的辩证思维科学方法论,将科技写作和科学研究一体化。这一思想方法不仅适用于科技论文写作,同样也适用于指导科研、教学及管理工作。

本书可作为高等院校研究生和高年级本科生科技写作教材,也可作为广大科技人员提高科技论文写作能力的参考书,对渴望提高科技创新思维的研究人员也有所裨益。

图书在版编目(CIP)数据

科技论文写作引论/李士勇,田新华编著. —哈尔滨:哈尔滨工业大学出版社,2013.10
ISBN 978-7-5603-4068-5

Ⅰ.①科⋯ Ⅱ.①李⋯ ②田⋯ Ⅲ.①科学技术-论文-写作-高等学校-教材 Ⅳ.①H152.3

中国版本图书馆 CIP 数据核字(2013)第 085048 号

责任编辑	田新华
封面设计	刘长友
出版发行	哈尔滨工业大学出版社
社　　址	哈尔滨市南岗区复华四道街 10 号　邮编 150006
传　　真	0451 - 86414749
网　　址	http://hitpress.hit.edu.cn
印　　刷	哈尔滨市工大节能印刷厂
开　　本	787mm×960mm　1/16　印张 10.75　字数 187 千字
版　　次	2013 年 10 月第 1 版　2013 年 10 月第 1 次印刷
书　　号	ISBN 978-7-5603-4068-5
定　　价	35.00 元

(如因印装质量问题影响阅读,我社负责调换)

前 言

随着科学研究、教育事业和经济建设等领域的蓬勃发展,信息交流变得越来越重要。其中科技论文作为科技信息交流的重要手段,对于促进科学技术的发展,推动社会的进步发挥着越来越大的作用。

广大的工科、理科、管理等非文科专业的研究生和本科生,从中学阶段系统学习过语文和作文课程后,到大学本科乃至研究生阶段,就没有或很少有开设科技论文写作课程。因此,无论是在校攻读学位的研究生,还是已参加工作的年轻科技人员,甚至包括工作多年的研究人员,在写作科技论文时,多半是模仿他人的学位论文、学术论文、科技报告的形式,结合自己的经验,进行写作。由于缺乏正确的写作方法、写作规范、学术规范和评价标准的指导,致使人们很难写出恰到好处地反映自己取得成果的高水平论文,甚至出现抄袭他人成果的不端行为。

本书第一作者李士勇教授(博导)长期从事科研、教学和研究生指导工作。在国内外期刊和学术会议上已发表学术论文160余篇,60余篇被 SCI、EI 检索。出版专著、教材共12部,其中单本著作已被国内10大领域论文引用5 000余次。此外,还长期应邀评审期刊学术论文、评阅博士论文、硕士论文,以及评审国家自然科学基金项目申请书(报告)等。上述长期的科技论文写作、评审论文、编著教材和著作以及参加学位论文答辩等过程积累的经验,为本书的编写积累了丰富的素材。

为了提高在校研究生的学位论文、学术论文的写作质量,作者从2010年春季学期起,为研究生开设了"学位论文学术论文写作"课程,也先后应邀为研究生作科技论文写作报告,受到了研究生们的欢迎。本书是在这门课程讲义的基础上,增加了科技报告写作等内容,对绝大部分内容又重新补充和完善形成。本书内容共8章:第1章科技写作概论;第2章学位论文与学术论文的结构;第3章怎样撰写学位论文;第4章怎样撰写学术论文;第5章怎样撰写科学技术报告;第6章科技论文写作的系统科学和思维科学及科学方法论基础;第7章科技论文写作与科研工作一体化;第8章撰写科技论文的学术道德规范。

本书第二作者田新华编审(硕导)长期从事编辑、教学和科研工作,撰写的学术论文曾被人大复印报刊资料〈管理科学〉全文转载;指导的研究生曾获哈尔滨工业大学优秀硕士论文银奖;曾为研究生主讲过"怎样撰写学术论文"专题课,积累了丰富的审稿、编辑等经验。

目前已出版的有关科技写作、论文写作、学位论文写作方面的书籍,不论在数量上,还是在内容、质量上,还不能满足我国众多科技人员、研究生的迫切需要。尤其是已有科技写作书籍,缺少指导科技写作理论上和方法论层次上的完整的系统论述,致使科技人员在写作论文中多半仍处于模仿、摸索状态。编著本书正是为了弥补这方面的不足。

本书在汲取国内外同类书籍中有益经验的基础上,根据最新的国家标准,并结合作者多年的研究经历、写作实践及评审经验,探索出一种"系统化的辩证思维科学方法论",并以此作为本书的指导思想。实质上,这种方法论将系统科学、思维科学和辩证的科学方法论融为一体,它不仅可以指导科技论文写作,同样适用于指导从事科研创新工作。应用这种思想,将科研工作和论文写作融为一体,有利于形成"在科研中构思写作,在写作中提升科研"的良性循环。

应该指出,本书重点阐述科技论文的三种类型,即学位论文、学术论文和科学技术报告的撰写方法。为便于读者阅读,保持了三种类型科技论文各自的独立性和完整性,这样会出现少许内容上的交叉。全书各章既独立又相互联系,以科技创新为牵引,以撰写科技论文为目标,以系统化的辩证思维科学方法论为指导写就而成。

参加本书编写和资料收集工作的还有李研、宁永臣、李浩、李巍、栾秀春、郭成、丁桂焱、吴迪。

本书被列入哈尔滨工业大学研究生教材资助项目。

由于本书涉及知识面广,书中的内容难免存在不足之处,望广大读者给予批评和指正!

作　者
2013年8月

目 录

第1章 科技论文写作概论 ······················· 1
  1.1 科技论文写作的意义 ····················· 1
    1.1.1 科技论文写作是科研工作的组成部分 ········ 1
    1.1.2 科技论文促进学术交流和推动科学发展 ······ 2
    1.1.3 科技论文写作水平反映综合素质和能力 ······ 4
    1.1.4 科技论文是业绩考评的需要 ··············· 4
  1.2 科技论文的定义及分类 ··················· 4
    1.2.1 科技论文的性质、定义及分类 ············· 4
    1.2.2 科学技术报告 ·························· 5
    1.2.3 学位论文 ······························ 6
    1.2.4 学术论文 ······························ 6
  1.3 科技论文的评价标准 ····················· 6
    1.3.1 科技论文的基本要求 ···················· 6
    1.3.2 科技论文的评价标准 ···················· 7
  1.4 科技写作存在的主要问题 ················· 7
    1.4.1 缺乏正确的认识 ························ 7
    1.4.2 缺乏正确的撰写方法 ···················· 7
    1.4.3 存在学术道德上的问题 ·················· 8
  1.5 写好科技论文的基础和前提 ··············· 8

第2章 学位论文和学术论文的结构 ············· 10
  2.1 学位论文的结构 ························· 10

  2.1.1 前置部分 ·· 11
  2.1.2 主体部分 ·· 13
  2.1.3 后置部分 ·· 14
  2.1.4 学位论文的结构组织 ······································ 15
 2.2 学位论文的宏观结构 ·· 16
 2.3 学位论文的微观结构 ·· 16
 2.4 学位论文的精细结构 ·· 17
 2.5 反映学位论文结构的目录 ······································ 17
 2.6 学术论文的结构 ·· 19
  2.6.1 学术论文的结构组成 ······································ 19
  2.6.2 学术论文的宏观结构与微观结构 ······················ 20
  2.6.3 学术论文和学位论文结构的差异 ······················ 20
  2.6.4 学术论文的结构举例 ······································ 20

第3章 怎样撰写学位论文 ··· 22
 3.1 学位论文的题名 ·· 22
  3.1.1 题名的定义及其重要性 ·································· 22
  3.1.2 题名的要求 ·· 23
  3.1.3 题名的确定方法 ·· 24
  3.1.4 题名中的常见问题 ·· 25
  3.1.5 拟定题名时值得注意的问题 ··························· 26
 3.2 摘要 ·· 27
  3.2.1 摘要的定义及用途 ·· 27
  3.2.2 摘要四要素及其特点 ···································· 28
  3.2.3 摘要写作方法及常见问题 ······························ 28
 3.3 关键词选择及常见问题 ·· 30
  3.3.1 关键词的定义及用途 ···································· 30
  3.3.2 关键词组成特点及其来源 ······························ 31

  3.3.3 关键词选择方法及常见问题 ………………………………… 31
 3.4 正文写作 …………………………………………………………… 32
  3.4.1 正文写作的一般要求 …………………………………………… 32
  3.4.2 学位论文章节标题的设计 ……………………………………… 33
  3.4.3 正文各章内容的组织 …………………………………………… 33
  3.4.4 绪论的写作方法 ………………………………………………… 34
  3.4.5 正文写作的具体要求 …………………………………………… 35
  3.4.6 正文插图的规范 ………………………………………………… 37
  3.4.7 正文表格的设计 ………………………………………………… 38
  3.4.8 正文公式的表达 ………………………………………………… 39
 3.5 结论 ………………………………………………………………… 40
  3.5.1 结论的撰写方法 ………………………………………………… 40
  3.5.2 结论的撰写要求 ………………………………………………… 41
  3.5.3 结论的常见问题 ………………………………………………… 41
 3.6 参考文献 …………………………………………………………… 42
  3.6.1 参考文献收录原则 ……………………………………………… 42
  3.6.2 学位论文参考文献数量 ………………………………………… 42
  3.6.3 引用参考文献的标注 …………………………………………… 42
  3.6.4 文后参考文献著录规则 ………………………………………… 43
 3.7 学位论文参考文献之后的其他内容 ……………………………… 46
  3.7.1 攻读学位期间发表的学术论文 ………………………………… 46
  3.7.2 原创性说明及使用授权说明 …………………………………… 46
  3.7.3 致谢 ……………………………………………………………… 46
  3.7.4 作者简历 ………………………………………………………… 46
 3.8 对学位论文水平的要求 …………………………………………… 47
第4章 **怎样撰写学术论文** ………………………………………………… 48
 4.1 学术论文的定义及特点 …………………………………………… 48

- 4.2 学术论文的结构 ·· 49
- 4.3 SCI 论文的结构 ·· 49
  - 4.3.1 SCI 论文 ·· 49
  - 4.3.2 SCI 论文的结构 ·· 49
- 4.4 SCI 论文的特点 ·· 50
  - 4.4.1 学术性 ·· 50
  - 4.4.2 创造性 ·· 50
  - 4.4.3 规范性 ·· 50
  - 4.4.4 科学性和准确性 ·· 50
- 4.5 SCI 论文选题要求 ·· 51
  - 4.5.1 先进性 ·· 51
  - 4.5.2 可行性 ·· 51
  - 4.5.3 重要性 ·· 51
  - 4.5.4 科学性 ·· 51
- 4.6 SCI 论文题目 ··· 51
  - 4.6.1 SCI 论文题目的要求 ·· 52
  - 4.6.2 SCI 论文题目的表达 ·· 52
  - 4.6.3 SCI 论文题目的常见问题 ··································· 53
- 4.7 怎样写 SCI 论文摘要 ··· 54
- 4.8 怎样写 EI 论文摘要 ·· 55
- 4.9 SCI 论文关键词 ··· 55
- 4.10 怎样写 SCI 论文引言 ··· 56
  - 4.10.1 SCI 论文引言的作用及内容 ································ 56
  - 4.10.2 撰写引言的基本原则 ······································ 56
  - 4.10.3 撰写引言的基本要求 ······································ 57
  - 4.10.4 SCI 论文引言的时态和语态 ································ 57
- 4.11 正文的表达与论证 ·· 58

  4.11.1　正文写作的基本要求 ………………………………………… 58
  4.11.2　SCI 正文中的图表要求 ………………………………………… 59
  4.11.3　正文中的论证方法 …………………………………………… 59
 4.12　怎样写 SCI 论文的结论 ……………………………………………… 62
  4.12.1　结论的内容 …………………………………………………… 62
  4.12.2　结论的写作要求 ……………………………………………… 62
 4.13　参考文献引用和著录 ………………………………………………… 63
  4.13.1　参考文献的作用 ……………………………………………… 63
  4.13.2　参考文献的收录原则 ………………………………………… 63
 4.14　附录 …………………………………………………………………… 63

第 5 章　怎样撰写科学技术报告 ………………………………………… 64
 5.1　科技报告 ……………………………………………………………… 64
  5.1.1　科技报告的特点 ……………………………………………… 64
  5.1.2　科技报告与学术论文的异同 ………………………………… 65
  5.1.3　科技报告的结构及写作思路 ………………………………… 65
 5.2　科技报告的种类 ……………………………………………………… 66
  5.2.1　科技报告的类型 ……………………………………………… 66
  5.2.2　攻读学位期间常用的科技报告 ……………………………… 67
  5.2.3　科学调查(考察)报告与科研总结报告 ……………………… 68
  5.2.4　科研项目的可行性评估报告和建议书 ……………………… 69
  5.2.5　基金项目申请书(报告)的撰写 ……………………………… 71
  5.2.6　基金项目进展报告、结题报告的撰写 ……………………… 72
  5.2.7　专利申请书(请求书)的撰写 ………………………………… 73
 5.3　美国四大科技报告 …………………………………………………… 74

第 6 章　科技论文写作的系统科学和思维科学及科学方法论基础 …… 75
 6.1　系统科学基础 ………………………………………………………… 75
  6.1.1　系统科学思想的产生与发展 ………………………………… 75

  6.1.2 系统科学发展的三个阶段 ……………………………… 76
  6.1.3 系统科学的定义、分类及研究进展 …………………… 77
  6.1.4 系统科学的基本概念 …………………………………… 78
  6.1.5 科技论文中系统科学思想的具体表现 ………………… 79
  6.1.6 怎样用系统科学思想指导科技论文写作 ……………… 80
 6.2 思维科学基础 ………………………………………………… 81
  6.2.1 思维科学及其重要性 …………………………………… 81
  6.2.2 思维的含义及其特征 …………………………………… 82
  6.2.3 思维的类型 ……………………………………………… 83
  6.2.4 思维的形式及推理方法 ………………………………… 87
  6.2.5 思维科学对科技论文写作的重要作用 ………………… 90
  6.2.6 怎样用思维科学指导科技论文写作 …………………… 91
 6.3 科学方法论基础 ……………………………………………… 93
  6.3.1 科学方法论的重要地位 ………………………………… 93
  6.3.2 哲学的基本问题 ………………………………………… 93
  6.3.3 对立统一规律 …………………………………………… 94
  6.3.4 量变质变规律 …………………………………………… 96
  6.3.5 否定之否定规律 ………………………………………… 96
  6.3.6 科学方法论指导科学创新的例子 ……………………… 97
 6.4 系统科学、思维科学和科学方法论基本概念及原理总结 …… 98
  6.4.1 系统科学的最基本概念和原理 ………………………… 98
  6.4.2 思维科学的最基本概念和方法 ………………………… 99
  6.4.3 科学方法论的最基本概念和原理 ……………………… 99
 6.5 怎样用系统科学、思维科学和科学方法论指导撰写科技论文 … 99

第7章 科技论文写作与科研工作的一体化 ……………………… 102
 7.1 科研工作的选题立项 ………………………………………… 102
  7.1.1 科学研究课题的来源 …………………………………… 102

        7.1.2 选择课题的基本原则 …………………………………… 103
        7.1.3 在选题中构思引言(绪论)的写作思路 …………………… 104
    7.2 科技创新思维的形式 …………………………………………… 105
        7.2.1 创新性思维的特点及其作用 …………………………… 105
        7.2.2 科技创新思维的表现形式 ……………………………… 106
        7.2.3 科技创新思维的培养 …………………………………… 106
    7.3 科技论文写作与科研创新性一体化的构思 …………………… 107
        7.3.1 在研究过程中构思学位论文主体的写作思路 ………… 108
        7.3.2 在论文写作中提升科技创新思维过程 ………………… 108

第8章 撰写科技论文的学术道德规范 …………………………… 110
    8.1 科学的概念、特性和意义 ……………………………………… 110
        8.1.1 科学事实 ………………………………………………… 110
        8.1.2 科学知识 ………………………………………………… 111
        8.1.3 科学理论 ………………………………………………… 111
    8.2 科学研究及其特征 ……………………………………………… 112
        8.2.1 科学研究的概念与特征 ………………………………… 112
        8.2.2 科学研究的类型与层次 ………………………………… 113
        8.2.3 学术成果的定义、形式及特点 ………………………… 113
    8.3 约束科学研究活动的道德规范 ………………………………… 114
        8.3.1 法律制度 ………………………………………………… 115
        8.3.2 学术规范 ………………………………………………… 115
        8.3.3 学术道德 ………………………………………………… 115
    8.4 学术道德及其衡量标准 ………………………………………… 115
    8.5 学术不端行为及其表现 ………………………………………… 116
        8.5.1 学术不端的定义 ………………………………………… 116
        8.5.2 学术不端行为表现形式 ………………………………… 117
    8.6 学位论文作假行为处理办法 …………………………………… 118

参考文献 ………………………………………………………… 119

附录1 中华人民共和国法定计量单位 ………………………… 121

附录2 出版物上数字用法 ……………………………………… 125

附录3 文后参考文献著录规则 ………………………………… 133

附录4 高等学校学术规范及学术不端行为的界定 …………… 141

附录5 教育部学位论文作假行为处理办法 …………………… 155

第1章　科技论文写作概论

■　本章首先阐述科技论文写作的目的及其重要意义；然后给出科技论文，包括科技报告、学士论文、硕士论文、博士论文、学术论文的定义、分类及对科技论文的基本要求和评价标准；最后指出科技人员和研究生们在撰写科技论文中存在的普遍问题，并论述写好科技论文的基础和前提。

1.1　科技论文写作的意义

1.1.1　科技论文写作是科研工作的组成部分

科技论文写作过程是科研工作的一个重要组成部分，是用文字等形式再现科研工作中创造性思维活动的过程。英国法拉第把科研工作概括为"研究、完成、发表"。实际上，法拉第所指的"研究"就是收集文献资料，申请立项、开题、开展具体研究工作的全过程；"完成"是指按预定的计划完成科研工作，并经过鉴定被确认为取得了研究成果的重要环节；"发表"是指用学术论文等形式再现科研工作中创造性思维活动的过程，包括确定论文题目、署名、结构、内容、结论等，具体撰写正文、修改，选择刊物投稿及接受评审和修改，直至论文发表的整个过程。

为什么说科技论文写作过程是科研工作的一个重要组成部分呢？科研工作的本质就是要创新，要出新成果。为此，研究工作者除了要付出艰苦的甚至是长期的辛劳外，还必须要有创新的思维，运用辩证的对立统一的科学方法论作指导，分析在研究工作中所遇到的新问题、新矛盾，直至去攻克难关，取得成果。如果取得的成果不以论文的形式发表公布于世，科研成果无法被他人了解或应用，尤其是隐藏在科研人员头脑中的创新思维过程无法启发别人，难以被别人学习和应用,并进一步启发他人再创新。

论文写作的过程绝不是对科研工作过程的简单记录,而是对研究成果系统的总结、整理、深化、凝练、升华的过程,是通过文字等形式再现科研中创造性思维活动的过程。在这样写作的构思过程中,往往又能使自己对研究课题进行深入思索和进一步的探讨,从而发现不足,产生联想,产生新的思维活动,甚至迸发出新的思想火花,进而抓住时机获得更大突破,取得新成果。

综上所述不难看出,直到表征研究成果的论文发表,才标志着科研工作的结束(或阶段性完成)。可见,科技论文写作过程是科研工作的继续和深化,是科研工作的一个不可分割的重要组成部分。

1.1.2　科技论文促进学术交流和推动科学发展

科技论文有利于学术交流、信息交换,有助于推动科学发展和社会进步。世界上有三个最基本的概念:物质,能量,信息。物质是独立于人的意识之外的客观实在。能量是度量物质运动的一种物理量,一般解释为物质做功的能力。要使物质运动需要能量。物质是静止的能量,能量是运动的物质。什么是信息?至今尚没有统一的定义。控制论的创始人维纳称"信息就是信息,它既不是物质也不是能量,信息是有序性的度量,信息是系统组织性的度量"。

信息是指人们对客观事物存在状态、运动状态、运动状态变化方式的表征。这里的存在状态指事物状态的有或无,运动状态指事物在运动空间上所展示的状态和态势,而运动状态的变化指运动状态随时间变化过程的模式。那么,什么是表征呢?

表征(representation)是信息在头脑中的呈现方式。根据信息加工的观点,当有机体对外界信息进行加工(输入、编码、转换、存储和提取等)时,这些信息是以表征的形式在头脑中出现的。表征是客观事物的反映,又是被加工的客体。同一事物,其表征的方式不同,对它的加工也不相同。例如,对文字材料,着重其含义的知觉理解和对字体的知觉就完全不同。由于信息的来源不同,人脑对它的加工也不同。信息的编码和存储有视觉形象形式和言语听觉形式,抽象概念或命题形式。那些具有形象性特征的表征,也称表象,它只是表征的一种形式。

表征是认知心理学的核心概念之一,它指信息或知识在心理活动中的表现和记载的方式。表征是外部事物在心理活动中的内部再现。因此,它一方面反映客观事物,代表客观事物;另一方面又是心理活动进一步加工的对象。表征有不同的方式,可以是具体形象的,也可以是语词的或要领的。关于表征这一研究方向人们仍在进一步研究中。

宇宙间一切事物都在运动,都有一定的运动状态和状态改变的模式,所以一切事物运动状态及其变化模式都是信息。

从物质、能量和信息三者关系来看,物质的运动状态变化产生信息,因此物质是信息的载体,信息离不开物质。物质的运动需要能量,能量是使物质做功的动力。所以,信息既不是物质,也不是能量。信息是物质和能量在时、空中分布状态的表述。信息不像物质和能量那样遵守"守恒定律",这是信息和物质、能量的根本区别。

我们知道,物质之间可以等价交换,能量之间的转换有损失,而信息之间的交换存在什么关系呢?英国著名文学家萧伯纳指出,倘若你有一个苹果,我也有一个苹果,而我们彼此交换这些苹果,那么你和我仍然是各有一个苹果。但是倘若你有一种思想,我也有一种思想,而我们彼此交流这些思想,那么我们每个人各有两种思想。可见,信息的交换有增值。在当今信息时代、知识经济社会中,信息的占有和交换比什么都重要。只有通过发表科技论文把研究成果公布于众,才有利于信息的交流和交换,有助于成果转化。

信息的交流和传播之所以有这么大的作用,可以用非线性科学和复杂系统理论来解释。因为每名科技工作者都具有异质性,所以信息的交流和信息在科技工作者之间的相互影响、相互作用具有各向异性,即具有一种非线性。根据非线性科学理论,这种信息交换过程由于具有正反馈,使得信息在传播过程中具有不断放大的作用。从复杂性科学的角度来看,就是所谓的"$1+1>2$",作用不断的"发酵"放大,直至涌现出新事物。

例如,一篇颇有价值的科技论文发表后,被广大同行阅读,在众多读者中会从不同角度引发不同的思考,会启发、激励一些读者以此为基础进行再探索,更上一层楼,再涌现出新成果,发表新论文……如此下去,这种学术思想的不断沟通、反复交流、相互作用、相互影响,从而,会一步步地推动着学术思想、理论水平、科学技术、产品设计、工程应用等方面出现日新月异的蓬勃发展的新局面,推动着科学的发展和社会的进步。

1.1.3 科技论文写作水平反映综合素质和能力

撰写科技论文的水平是科技人员综合素质和能力的重要标志,是科技人员的基本功。我国著名化学家卢嘉锡指出,要教会年轻人学会表达,一个只会创造、不会表达的人,不能算是一个合格的科学工作者。一篇好的科技论文,在很大程度上反映了作者的综合素质。包括阅读文献和文献综述能力;对基础理论知识的理解、掌握和运用的能力;对科学仪器、设备、元器件、计算机等先进实验手段、技术运用的实践能力;创造性地分析问题和解决问题的辩证思维、论证能力,以及语言、文字表达能力等。

因此,往往通过发表科技论文,尤其是发表高水平的 SCI 论文的质量及数量来衡量一个人、一个团队、一个大学、一个科研院所,乃至一个国家的学术水平和科技创新能力。

1.1.4 科技论文是业绩考评的需要

我国现行的业绩考核、职称晋级制度有撰写论文的要求,因此撰写高水平科技论文也是业务考核、职称晋级的需要。此外,专门的研究机构和用人单位可以通过检索在某一领域已发表的科技论文来发现人才,因此,科技论文也是发现人才的重要渠道。

1.2 科技论文的定义及分类

1.2.1 科技论文的性质、定义及分类

科技论文是文章的一种,为了明了它的性质,我们还是先来看一下文章的体裁和文学体裁的分类情况。文章体裁分为记叙文、论说文、抒情文、应用文四类;而文学体裁分为诗歌、小说、戏剧、散文等。我们关心的是科技论文写作,就不再涉及文学体裁。

记叙文和论说文是最常见的两种文章体裁。记叙文是对某一事件发生的背景、过程及影响的记叙,也可以加点作者的感想。时间、地点和人物构成记叙文的三要素。论说文(议论文)是对某些问题的论点和为证明论点的正确性而

做的求证工作,即提供论据,进行推理,最后得出结论。论点、论据和论证是议论文的三要素。因此,记叙文和论说文这两种体裁的文章要求是不一样的,构成要素也是不相同的。

科技论文属于论说文体裁的范畴。通俗地说,作者通过科技论文不仅是要回答"研究工作的目的、内容是什么?",而且要回答"用什么方法怎么样得到哪些研究成果?"还要回答"这些成果为什么具有创新性?"切忌把科技论文写成工作汇报,更不要写成产品说明书。

论文通常分为哲学论文、社会科学论文和自然科学论文。自然科学论文称为科技论文。按国家标准科技论文包括:科技报告、学术论文和学位论文。

国家标准 GB/T 7713—1987《科学技术报告、学位论文和科技论文的编写格式》中指出:科技论文是某一学术课题在实践性、理论性或观测性上具有新的研究成果或创新见解和知识的科学记录,或是某种已知原理应用于实际取得新进展的科学总结,用于学术会议宣读、交流或讨论,或在学术期刊上发表或其他用途的书面文件。

从论文写作的目的来分类,科技论文可分为交流论文和学位论文。交流论文是科技人员在学术期刊上刊登或在学术会议上宣读以及通过其他形式和途径发表的论文,又称为学术论文。学位论文是攻读学位的学生将自己在科研工作中取得的创造性成果或新的见解撰写成的论文,用来申请相关学位。

国家标准 GB/T 7713－1987 定义"学位论文是表明作者从事科学研究取得创造性成果或有了新的见解,并以此为内容撰写而成,作为提出申请授予相应学位时评审用的学术论文。"学位论文是论文答辩委员会决定是否通过并建议是否授予学位的重要依据,它包括学士学位论文、硕士学位论文、博士学位论文。

此外,按论文类别分为理论型、应用型、综述型、实践型、描述型(对新发现事物、现象进行描述)、解答型;按篇幅分,学术论文又分为长论文和短文。

1.2.2 科学技术报告

科学技术报告是描述一项科学技术研究的结果或进展或一项技术研制试验和评价的结果;或是论述某项科学技术问题的现状和发展的文件。

科学技术报告是为了呈送科学技术工作主管机构或科学基金会等组织或

主持研究的人等而撰写的。科学技术报告中一般应该提供系统的或按工作进程的充分信息,可以包括正反两方面的结果和经验,以便有关人员和读者判断和评价,以及对报告中的结论和建议提出修正意见。

1.2.3 学位论文

学位论文是表明作者从事科学研究取得创造性的结果或有了新的见解,并以此为内容撰写而成,作为提出申请授予相应的学位时评审用的学术论文。

学士论文应能表明作者确已较好地掌握了本门学科的基础理论、专门知识和基本技能,并具有从事科学研究工作或担负专门技术工作的初步能力。

硕士论文应能表明作者确已在本门学科上掌握了坚实的基础理论和系统的专门知识,并对所研究课题有新的见解,有从事科学研究工作或独立担负专门技术工作的能力。

博士论文应能表明作者确已在本门学科上掌握了坚实宽广的基础理论和系统深入的专门知识,并具有独立从事科学研究工作的能力,在科学或专门技术上做出了创造性的成果。

1.2.4 学术论文

学术论文是某一学术课题在实验性、理论性或观测性上具有新的科学研究成果或创新见解和知识的科学记录;或是某种已知原理应用于实际中取得新进展的科学总结,用以提供学术会议上宣读、交流或讨论,或在学术刊物上发表,或作其他用途的书面文件。

学术论文应提供新的科技信息,其内容应有所发现、有所发明、有所创造、有所前进,而不是重复、模仿、抄袭前人的工作。

1.3 科技论文的评价标准

1.3.1 科技论文的基本要求

(1)主题明确,中心突出。

(2)结构严谨,层次分明。

(3) 逻辑严谨,自成系统。

(4) 论证充分,理论透彻。

(5) 提出问题,解决问题。

(6) 语言简洁,概念准确。

1.3.2 科技论文的评价标准

(1) 科学性:真实,可靠。科学的公敌就是造假。

(2) 创新性:科学层面,技术层面,工程应用层面,实验和观测层面。

科学的本质特征就是要创新。创新有原始创新和集成创新两种。在科技论文中,原始创新比较少,大多是提出一些新方法、新算法,或是以别人没有用过的方法对一个问题进行分析,属于集成创新。

(3) 系统性:论文的结构要严谨,各部分之间能有机的联系构成一个整体。

(4) 可读性:因为论文是要给他人研读的,论文撰写要由浅入深,深入浅出,要有连续的可读性,作者要站在读者的角度来撰写论文。

(5) 实践性:反映实验、实践性的成果都应经过实验、实践或仿真的检验,而不是想当然的,应该能被他人所复现。

(6) 信息量大:在有限篇幅内,要用最少的文字给出最大、最有用的信息。

1.4 科技写作存在的主要问题

目前在撰写科技论文过程中存在的共性问题表现在以下三个方面。

1.4.1 缺乏正确的认识

就为什么要写科技论文问题,作者曾对部分研究生进行问询,其结果表明,对撰写科技论文目的和意义普遍缺乏正确深入的认识。没有认识到撰写科技论文是科技工作的一个重要组成部分;没有认识到撰写科技论文的水平是科技人员的综合素质的反映;没有充分认识到在当今信息社会科技论文对于促进学术交流、推动科技发展和社会进步的重要作用。

1.4.2 缺乏正确的撰写方法

一些想撰写科技论文的人不知道科技论文该从哪写起,写些什么具体内容,用什么方法才能写得好,衡量撰写好的论文标准又是什么。应该说,存在这些问题是自然的。因为,从中学阶段学完语文之后,到大学乃至研究生阶段,几乎很少有学校为学生开设过科技写作课。又很少有人通过读有关科技写作方面的书籍来提高自己。

1.4.3 存在学术道德上的问题

受各种不良社会风气的影响,近年来在撰写学术论文中出现了种种学术不端行为,如抄袭、剽窃他人成果,弄虚作假,一稿多投等。这些学术不端行为败坏了学术风气,给社会造成了危害。我们必须自觉地抵制各种学术不端行为,不断地提高自身的学术道德。

1.5 写好科技论文的基础和前提

写好一篇科技论文需要作者具有很好的本学科基础理论和专业知识,而且要有良好的科学素质和严谨的科学研究作风,要有用科学方法辩证分析问题和解决问题的创新性思维,要有创新性或创造性的研究成果,要有对科研成果内容、结构、层次等良好的组织能力和正确的逻辑推理、分析论证的语言等形式的表达能力。

概括起来,写好科技论文的基础,包括基础理论和专业基础,科研作风和科研方法,创新思维和创新性成果等。具有良好科研作风的科研工作者,应用掌握的坚实的理论和专业知识,通过科学的研究方法解决问题并取得创新性研究成果,再到把它转换成再现科学研究中创新思维的过程。这一系列的过程体现了研究者的理论基础、综合素质、创新能力、研究方法、思维形式等多个方面相互作用、相互影响、密不可分的系统科学的思想;也反映了研究者的辩证思维能力,展现了科学方法论的威力。

因此,无论是从做好科研工作本身,还是从撰写好科技论文的角度来看,科技工作者和研究生都应该自觉努力地学习和掌握有关系统科学、思维科学和科学方法论的基本概念和理论基础知识,科学、正确地运用这些概念、理论和方法去指导自身的科学研究工作和撰写高水平的科技论文。

应该着重指出,有再好的理论基础、综合素质和研究能力,如果不踏踏实实地去做艰苦的攻关研究工作,就获得不了创新性的研究成果,那么无论如何也写不出高水平的科技论文。没有原料,只能停工。写作技巧再高明,若没有材料,也写不出好作品来,这正像巧妇难为无米之炊一样。

有了好的成果,是否就能撰写出高水平的科技论文呢? 不见得。有了创新性的研究成果只是撰写高水平科技论文的必要条件,还不是充分条件。还需要对研究成果的材料进行合理的选择、组织,使其内容构成一个相对完整的系统。围绕着利用创新性思维和科学方法攻克难题取得成果的线索为主线,在提出问题、分析问题、解决问题的过程中,要突出论述分析矛盾和解决矛盾的辩证的思想方法以及创新性成果的论证推理过程,使得他人受到启发。当然,这些都要通过语言及其必要的式、图、表把它表达出来。

总而言之,撰写科技论文,需要以研究成果作为原材料。要写成文,要构思,要总结,要凝练,要再现创新思维,需要作者花大力气,反复推敲,不断修改,直至投稿,接受审查,再修改,直至发表。

第 2 章　学位论文和学术论文的结构

■　本章首先根据国家标准 GB/T7713.1—2006《学位论文编写规则》,介绍学位论文的 5 个组成部分:前置部分、主体部分、参考文献、附录和结尾部分,并阐述学位论文的宏观结构和微观结构。然后介绍学术论文的组成、结构,以及学术论文与学位论文结构的区别。最后分别给出反映学位论文结构的目录及学术论文结构组织的例子。

2.1　学位论文的结构

结构是系统科学中的一个重要概念。结是指结合,构是指构造,系统的结构是指系统的各个组成部分相互结合而形成的架构。系统科学把组成系统的各个组成部分之间相互关联方式的总和称为结构。系统科学关注的是结合方式及其形成的整个框架或构形,实际应用中结构多是指那些本质的主要的关联方式。

有一位学者指出,事物的结构高于事物本身。可见,学位论文的结构对于学位论文的重要性非同一般。如果把一篇学位论文比作一栋高层建筑,那么论文的结构就好比一个高层建筑的钢筋混凝土的骨架,它把这栋整体建筑分成许多既相互独立又有机的联系在一起的楼层、单元和居室,这些就形成了这栋建筑的结构。由钢筋混凝土的骨架形成的结构比起这个建筑的其余部分墙体的重要性是不言而喻的。

所谓学位论文的结构组织是指把论文的内容划分成几个组成部分,又把各个部分有机地联系在一起,形成一个完整的论文。这样形成相互联系的各个组成部分及它们之间的联系就构成了学位论文的结构和层次。

根据国家标准 GB/T7713.1—2006《学位论文编写规则》,学位论文一般包括以下 5 个组成部分:前置部分;主体部分;参考文献;附录;结尾部分。

下面就学位论文的每个部分分别加以说明。

2.1.1 前置部分

前置部分包括封面、封二(可选)、题名页、英文题名页、勘误页(可无)、致谢、摘要页、序言或前言(如有)、目次页、图或附表清单(如有)、符号、标志、缩略语、首字母缩写、计量单位、术语等注释表(如有)。

封面

学位论文的封面是指论文的外表面,对论文起装潢和保护作用,并提供题名页的主要信息,如论文题名、论文作者等,其他信息可由学位授予机构自行规定。

题名页

学位论文的题名页包括了论文的全部书目信息,单独成页,其主要内容如下:

(1) 中国图书分类号

采用《中国图书馆分类法》(第4版)或《中国图书资料分类法》(第4版)标注。示例:中国图书分类号 G250.7。

(2) 学校代码

按照教育部批准的学校代码进行标注。

(3) UDC

按《国际十进分类法》(Universal Decimal Classification)进行标注。

注:可登录 www.udcc.org 点击 outline 进行查询。

(4) 密级

按 GB/T7156—2003 标注。

(5) 学位授予单位

指授予学位的机构,机构名称应采用规范全称。

(6) 题名和副题名

题名以简明的词语恰当、准确地反映论文最重要的特定内容(一般不超过25个字),应中英文对照。题名通常由名词性短语构成,应尽量避免使用不常用的缩略语、首字母缩写字、字符、代号和公式等。

如题名内容层次很多,难以简化时,可采用题名和副题名相结合的方法,其中副题名起补充、阐明题名的作用。题名和副题名之间用破折号或冒号进行连接。

示例1:斑马鱼和人的造血相关基因以及表现遗传学调控基因——进化、表

达协和功能

示例2:阿片镇痛的调控机制研究:Delta型阿片肽受体转运的调控机理与功能

题名和副题名在整篇学位论文中的不同地方出现时,应保持一致。

(7)责任者

责任者包括研究生姓名,指导教师姓名、职称等。如责任者姓名有必要附注汉语拼音时,遵照国家标准GB/T16159—1996著录。

(8)申请学位

包括申请的学位类别(如工学、理学、管理学、哲学、经济学、法学等)和学位级别(如学士、硕士、博士)。

(9)学科专业

参照国务院学位委员会颁布的《授予博士、硕士学位和培养研究生的学科、专业目录》进行标注。

(10)研究方向

指本学科范畴下的三级学科。

(11)论文提交日期

指论文上交到授予学位机构的日期。

(12)培养单位

指培养学位申请人的机构,机构名称应采用规范全称。

英文题名页

英文题名页是题名页的延伸,必要时可单独成页。

勘误页

学位论文如有勘误页,应在题名页后起页。在勘误页顶部放置下列信息:

(1)题名;

(2)副题名(如有);

(3)作者名。

致谢

放置在摘要页前,对象包括:

(1)国家科学基金,资助研究工作的奖学金,合作单位,资助或支持的企业、组织或个人。

(2)协助完成研究工作和提供便利的条件的组织或个人。

(3)在研究工作中提出建议和提供帮助的人。

(4)给予转载和引用权的资料、图片、文献、研究思想和设想的所有者。

(5)其他应感谢的组织和个人。

摘要页

(1)摘要应具有独立性和自含性,即不阅读论文的全文,就能得到必要的信息。摘要的内容应包含与论文等同量的主要信息,供读者确定有无必要阅读全文,也可供二次文献采用。摘要一般应说明研究工作的目的、方法、结果和结论等,重点是结果和结论。

中文摘要一般字数为300~600字,外文摘要实词在300个左右。如遇特殊需要,字数可以略多。

摘要中应尽量避免图、表、化学结构式、非公知公用的符号或术语。

(2)关键词每篇论文应选取3~8个,用显著的字符号另起一行,排在摘要的下方。关键词应体现论文特色,具有语义性,在论文中有明显出处。并应尽量采用《汉语主题词表》或各专业主题词表提供的规范词。

为便于国际交流,应标注与中文对应的英文关键词。

序言或前言(如有)

学位论文的序言或前言,一般是作者对本篇论文基本特征的简介,如说明研究工作的缘起、背景、主旨、目的、意义、编写体制,以及资助、支持、协作的经过等。这些内容也可以在正文引言(绪论)中说明。

目次页

学位论文应有目次页,排在序言或前言之后,另起页。

图或附表清单(如有)

论文中如图表较多,可以分别列出清单置于目次页之后。图的清单应有序号、图题和页码;表的清单应有序号、标题和页码。

符号、标志、缩略语、首字母缩写、计量单位、术语等注释表(如有)

符号、标志、缩略语、首字母缩写、计量单位、术语等注释说明,如需汇集,可集中置于图标清单之后。

2.1.2 主体部分

学位论文的主体部分包括:绪论(引言)、正文和结论。一般从绪论(引言)

开始,以结论或讨论结束。主体部分应从另页右页开始,每一章都应另起页。

绪论(引言)

绪论(引言)应包括研究目的、流程和方法等。论文研究领域的历史回顾、文献回溯、理论分析等内容,应独立成章,用足够的文字叙述。

主体部分

主体部分涉及学科、选题、研究方法、结果表达方式等。尽管差异很大,但是,主体部分的内容都必须实事求是、客观真切、准备完备、合乎逻辑、层次分明、简练可读。

结论

结论是论文最终的、总体的结论,不是正文中各段小结的简单重复。结论应包括论文的核心观点,交代研究工作的局限,提出未来工作的意见或建议。结论应该准确、完整、明晰、精练。

2.1.3 后置部分

学位论文中除了前置部分和主体部分外的直到封底的后面部分,可称为后置部分。后置部分包括:参考文献、附录、攻读学位期间发表的学术论文及其他成果、索引、作者简历等。

参考文献

参考文献应置于正文之后,并另起页。参考文献是文中引用的具体文字等来源的文献集合,所有被引用文献都应列入参考文献集中,其著录项目和著录格式遵照 GB/T 7714—2005 的规定执行。

正文中未被引用但被阅读或具有补充信息的文献可集中列入附录中,其标题为"书目"。引用参考文献采用著作-出版年制标注时,参考文献应按著者字顺和出版年排序。

附录

附录是作为主体部分的补充,并不是必需的。

分类索引、关键词索引(如有)

根据需要,可以编排分类索引、关键词索引等。

作者简历

包括受教育经历、工作经历和完成的工作等。

学位论文数据集

由反映学位论文主要特征的数据组成,共包括如下33项:

A1 关键词＊,A2 密级＊,A3 中国图书分类号＊,A4 UDC,A5 论文资助;

B1 学位授予单位名称＊,B2 学位授予单位代码＊,B3 学位类别＊,B4 学位级别＊;

C1,论文题名＊,C2 并列题名,C3 论文语种＊;

D1 作者姓名＊,D2 学号＊;

E1 培养单位名称＊,E2 培养单位代码＊,E3 培养单位地址,E4 邮编;

F1 学科专业＊,F2 研究方向＊,F3 学科,F4 学位授予年＊,F5 学位提交日期＊;

G1 导师姓名＊,G2 职称＊;

H1 评阅人,H2 答辩委员会主席＊,H3 答辩委员会成员;

I1 电子版论文提交格式,I2 电子版论文出版(发布者),I3 电子版论文出版(发布)地,I4 权限声明;

J1 论文总页数＊。

注:有星号＊者为必选项,共22项。

2.1.4 学位论文的结构组织

一篇学位论文应是一个完整的科技作品,各部分之间应有机地联系在一起。如果可以把一篇学位论文比作一个人体的话,那么论文的前置部分相当于人的头部:题目相当于眼睛,人的面部相当于封面和摘要,五官相当于关键词;颈部相当于绪论,人的躯体相当于论文的正文部分;下肢和脚相当于论文的后置部分。

将论文各部分之间组织形成结构的基本出发点,应使读者看到章节的排列具有逻辑性、条理性和连续性,易于读者阅读和理解。

组织章节存在的主要毛病:一是组织不足,指把章分得太少;二是组织过度,指把章分得过多过细;三是用不同方法组织不同章节,缺少协调性和统一性。

在设计论文的结构组织、划分层次时,要捋顺前后的因果、逻辑关系,处理好论点和论据的关系。论点要正确、清楚、鲜明,论据要充分、准确、可靠。论据分成三大类:事实、定义、经典原理。要注意解决好要证明什么,用什么证明,如何进行证明三者之间关系。论点、论据和论证应有机结合,和谐统一,论证要做到观点和材料统一。

2.2　学位论文的宏观结构

学位论文的宏观结构是指将论文划分成几章组成。章是构成学位论文宏观结构的基本组成单位。章划分得多少,需要从论文整体和核心内容的关系来确定。核心内容的多少对于学位论文的质量起着至关重要的作用。必须保证论文包含着足够多的章节,并且这些章节的字数占有相当的比重。章节划分的一个基本原则就是尽可能使各部分的内容保持相对完整,而使长度保持均衡。

每一章内容应相对完整和独立,各章内容之间应保持一定的联系。一般说来,学士论文至少要包括4章,硕士论文、博士论文至少要包括5章,多者达7~8章,甚至更多。一般各章的内容安排如下:

第1章是绪论。

第2章阐述研究课题的理论基础、或是技术基础、实验基础,或是系统建模的动力学基础,或是新型器件、软件原理、结构及性能等。

第3章至最后一章,系统论述作者所进行的具有创新性或具有新见解的研究工作创新思路、具体过程、研究结果及具体成果。

结论部分置于最后一章的后面,一般可不编章号,但其地位等同于章。也有的学位授予单位规定结论部分也按章编号。

除第1章外,每一章的开头应有一个占用一节的引言;每一章的结束都要用一小节作为本章小结。在撰写过程中,要特别注意每一章开头的引入、同上一章的衔接、中间过渡等。

2.3　学位论文的微观结构

所谓学位论文的微观结构是指把每一章的内容再分成节和小节(条),并为每一节和每一小节设计标题,最多分到4级标题,一般多采用3级标题。因为人们对客观事物大小、程度的度量通常采用三个等级,如:大、中、小;老、中、青;上、中、下;金牌、银牌、铜牌等。所以,应尽量避免经常使用4级标题,因为这样会使得标题的层次过于复杂,使读者难于理解。例如,将第2章分为2节,每一节中又再分为 2 小节,它们的标号分别为 2.1,2.1.1,2.1.2;2.2,2.2.1,2.2.2。但在节的设计上,可以根据需要一章中可以多于 3 节。如:3.1,3.2,3.3,3.4,3.5。

2.4 学位论文的精细结构

学位论文的微观结构还有进一步的表现,那就是把每一小节分成多个段落,每个段落有多个句子所组成。这样划分的结构称为精细结构。在撰写过程中,要特别注意每一节或小节之间的中间过渡和衔接;要注意句子之间和句子中词汇之间语言表达的逻辑性、连续性、可读性。

每一小节究竟划分多少段落合理,要根据本小节的内容层次来决定。一般应以叙述或论述内容的相对完整性来划分段落。如果在某小节中论述某问题的特性或解决方法之类具有并列特点的内容,也可以通过加序号(1)、(2)……的方式分成几个小段分别叙述。如果出现在一小节之内叙述内容层次太多,就要考虑将其再多分为一两个小节。

总之,论文的内容组织和宏观结构、微观结构、精细结构设计都要为有利于表现内容服务。应该做到结构严谨,层次清晰,既要保证各结构、层次的内容相对独立、完整,又要做到它们之间的前后呼应和有机联系。

2.5 反映学位论文结构的目录

从学位论文的目录既能一目了然地看出学位论文的各个组成部分及它们之间的关系,也能看出论文的宏观结构和微观结构划分情况。

应该指出,不同的大学、研究院所等学位授予单位,对于学位论文的封面及某些部分的要求形式和规范会有一些不同形式。主要差异表现在以下几方面:

(1)对学位论文中插图或附表,有的学位授予单位要求有清单,有的不要求。

(2)对学位论文中缩写和符号,有的学位授予单位要求有清单,有的不要求。

(3)在攻读学位期间发表的学术论文、参加的科研项目及获奖、获专利情况置于学位论文的位置不完全相同。

(4)论文纸质版的版心尺寸大小、版面格式、字号、字体等要求各有所异。

下面给出《哈尔滨工业大学研究生学位论文书写范例》中一个目录的例子。

目 录

摘 要 ··
ABSTRACT ··
第1章 绪 论 ···
    1.1 课题背景及研究的目的和意义 ··
    1.2 气体润滑轴承及其相关理论的发展概况 ···
        1.2.1 气体润滑轴承的发展 ···
        1.2.2 气体润滑轴承的分类 ···
        ······
        1.2.5 多孔质气体静压轴承的研究 ···
        ······
    1.4 本文的主要研究内容 ··
第4章 基于FLUENT软件的轴承静态特性研究 ···
    4.1 引言 ··
    ······
        4.2.3 边界条件的设定 ···
    ······
    4.4 本章小结 ··
第6章 局部多孔质静压轴承的试验研究 ··
    6.1 引言 ··
    6.2 多孔质石墨渗透率测试试验 ··
    ······
    6.5 本章小结 ··
结 论 ··
参考文献 ··
攻读博士学位期间发表的学术论文及其他成果 ···
哈尔滨工业大学学位论文原创性声明及使用授权说明 ··
致 谢 ··
个人简历 ··

2.6 学术论文的结构

2.6.1 学术论文的结构组成

学术论文的主要结构包括三大部分:前置部分、主体部分和后置部分。

前置部分

前置部分从前后顺序的层次上看,一般包括以下内容:

(1)文章编号*(有的刊物将其置于文献标识码之后,将唯一标识符 DOI 置于此处)。

(2)标题。

(3)作者姓名,作者单位名称,作者单位地址,邮编。

(4)摘要。

(5)关键词。

(6)中国图书分类号*,文献标识码*。

(7)刊物网址*(如有),唯一标识符(DOI)*(如有)。

(8)英文题名。

(9)作者姓名汉语拼音,作者单位英文名称,作者单位地址汉语拼音,邮编编码。

(10)英文摘要。

(11)英文关键词。

(12)基金项目标注(如有)。

(13)通讯作者(多名作者时需要)。

主体部分

包括引言、正文及结论。

后置部分

包括致谢(如有)、附录(如有)、参考文献、作者简介。

应该指出,学术论文的结构形式根据刊物的学科类别和级别的不同,其形式不完全相同,级别越高的刊物提供的信息往往更丰富一些。例如,有的还附有作者照片,有的置于论文的首页,有的置于论文的最后,有的有英文的作者介绍等。

2.6.2 学术论文的宏观结构与微观结构

学术论文的宏观结构是指将一篇学术论文划分成几节组成,节是构成学术论文宏观结构的基本组成单位。节划分得多少,需要根据整篇内容层次多少及篇幅的大小来决定。一般而言,划分节应遵循每一节内容相对独立和完整的原则。

学术论文的微观结构是指将每一节再分成小节,如第2节又分为两小节,分别记为2.1、2.2,在它们序号下的标题称为三级标题。如果必要的话对于某些小节再细化成三级标题。

学术论文主体部分的第1节为引言(可编号,也可不编,视期刊而定),第2节为本论文所涉及问题的描述,或理论基础等,从第3节开始是作者具体的研究工作思路、理论或实践性研究内容、过程及结果,最后一节是结论。

粗略统计表明,国内学术论文的主体部分(正文)划分为5~6节居多,国际学术论文划分为7~9节居多。

2.6.3 学术论文和学位论文结构的差异

学术论文的结构与学位论文不同的是,学术论文没有封面,也没有目录。因此,学术论文一般在引言的最后部分简要地说明一下本文各节的安排情况,在一定程度上起到了学位论文目次的作用。

学术论文的节是其组成的基本单位,其作用相当于学位论文中的章。学术论文的引言作为论文的开头,或称引子,编不编号视刊物而定。有的刊物引言不编号,也不加引言二字;有的编号为0并加引言二字;有的编为1并加引言二字。学术论文的引言起到学位论文绪论的作用;学位论文的结论一般不编号,但学术论文的结论都要编号。

2.6.4 学术论文的结构举例

下面选用《哈尔滨工业大学学报》的一篇论文各级标题为例,看一下学术论文的结构。

实时修正函数模糊控制器组合优化设计

张筱磊,李士勇

(哈尔滨工业大学航天学院,黑龙江 哈尔滨 150001)

摘要:……××

关键词:×××;×××;×××;×××;×××

中图分类号:TP273.4　文献标识码:A　文章编号:0367 - 6234(2003)01 - 0008 - 05

Optimal design of fuzzy control with real – time modifying function

ZHANG Xiao – lei, LI Shi – yong

(School of Astronautics, Harbin Institute of Technology, Harbin 150001, China)

Abstract: ××

Key words: ×××,×××,×××,×××,×××

引言　×××××××××××××××××××××××××××××××××××××

1. 解析描述规则法及其性能分析

1.1 递推调整规则的解析描述规则法

　　×××××××××××××××××××××××××××××××××××××

1.2 解析描述规则法的性能分析

2. 时变修正函数

　　×××××××××××××××××××××××××××××××××××××

3. 控制量的表达式

　　×××××××××××××××××××××××××××××××××××××

4. 模糊控制器的参数组合优化

　　×××××××××××××××××××××××××××××××××××××

5. 仿真结果及对比

　　×××××××××××××××××××××××××××××××××××××

6. 结论

　　×××××××××××××××××××××××××××××××××××××

参考文献

　　×××××××××××××××××××××××××××××××××××××

第3章 怎样撰写学位论文

■ 为了撰写好学位论文,本章分别阐述学位论文每一组成部分的撰写要求、方法及常见问题。包括题名的定义及其重要性,对题名的要求,题名的确定方法及常见问题;摘要的用途,摘要四要素及其写法;关键词的作用及其选择方法;正文材料内容的组织,章节的划分及其章节标题的设计,绪论(综述)的撰写原则及方法,创新性成果的论述方法,结论的作用及撰写方法;参考文献的作用及选择原则等内容。

3.1 学位论文的题名

3.1.1 题名的定义及其重要性

题名应是反映学位论文中最重要的特定内容的最恰当、最简明词语的逻辑组合。

题名是浓缩的信息点,是一篇论文的缩影。题名有以下的作用:一是表示论文的核心内容和重要观点;二是吸引读者是否阅读;三是有利于被文献检索使用。

题名,又常被称为题目、标题、文题、篇名。尽管现行的国家标准统一使用题名,但是人们还是习惯使用题目一词,这也许是题目比题名更能揭示这一术语本质的缘故。因为"名"意指名字、名称的意思。我们知道,人名的起名具有多样性、随意性等。然而,论文的起名就不能太随意。一篇学位论文的标题,可以说是一个人的脸面,是脸面上的眼睛。所以,论文的标题叫题目是有着深刻喻义的。

众所周知,人的眼睛、产品的商标是多么重要,而题目就是论文的眼睛、是论文的商标。论文的题目太重要了,一个醒目的学位论文题目等于论文写好了一半。这么说,一点也不过分。为论文命题的过程是作者对取得研究成果的创新性思维梳理、总结、凝练的过程,这个过程总结得越深刻、凝练得越到位,就越会感悟到论文要反映的核心内容、主题是什么,该用什么样的题目来反映这样的主题。在此基础上,一旦构思、确定了一个好的论文题目,作者就会沿着上述取得创新性研究成果的过程构思论文写作材料的组织、结构划分和内容。不难看出,确定论文题目的过程就是为论文写作"铺路"、"构思"、"纲举目张"的过程,拟定了好的题目岂不是等于论文成功了一半吗?

3.1.2 题名的要求

准确表达论文的内容,恰当反映研究的领域、范围及深度,具体可概括为以下几点:

(1)准确得体、鲜明恰当

题目应是反映学位论文的特定内容、研究范围(广度)和研究深度的最鲜明、最精炼的概括,最恰当、最简明词语的逻辑组合。因此,题目必须科学、准确,具有特色,恰如其分地反映学位论文研究工作的主要特色及其成果。须知,研究生的研究工作都不是简单地重复他人的工作,应该对所研究课题有新的见解,有所前进,取得创新性的成果。要反映这样的新见解、创新性新成果,就要求在题目上有所反映。所以,学位论文的题名要具有新意,特色要鲜明,要引人入胜。

和题名准确得体、鲜明恰当形成鲜明对照的是:题目笼统、空泛、冗长、模棱两可、夸张、华而不实。

(2)结构合理、逻辑严密

国家标准 GB 7713—87《科学技术报告、学位论文和学术论文的编写格式》指出,题名是以最恰当、最简明的词语反映论文中最重要的特定内容的逻辑组合。其中"最恰当的词语的逻辑组合"意指论文题名中的词语一定要合乎逻辑关系,这样才能保证题名中的词语形成的结构合理。为此,在确定题名时,必须首先选定反映核心内容和创新性的关键性词语,然后将它们反复排列、科学组合,初步形成几个不同题名,再对它们进行比较,最终确定一个最好的题名。

(3)简短精练、简单明了

一般要求题名字数不要超过 20 个字,最多不超过 25 个字。开始拟定题名时,字数可以不受限制,把要表达的中心思想都尽可能考虑进去。然后,对字数进行逐渐删减、压缩,如果题目中减少一个字就表达不清楚,表达不到位,那么就保留一个字,使意义明确;如果题目中减少一个字,不但不影响意思的完整性和准确性,反而更简短精练,那么就坚决删掉这个字。在题名中一定要把可有可无的字删掉,例如"的"字,一般情况下都可去掉。因为汉语中次序本身就有限定关系。

3.1.3 题名的确定方法

确定论文的题名之前,要很好地梳理和总结一下作者所要进行或所完成研究工作的主要内容及其取得的成果。如果研究工作是围绕一个中心问题展开的,那么论文题名就要以这个中心问题来设计,并突出该研究结果的创新性;如果研究工作是围绕着几个问题展开的,那么论文题名就要概括这几方面成果来设计。从包络线的角度看,设计好的论文题目应该是论文一个中心内容或几个中心内容的最小包络线。用最少的字,给出最重要、充足的信息量是确定论文题名应该遵循的重要原则。

确定题名之前,首先酝酿和确定能够反映创新性研究成果本质特征的关键词,题目中要尽可能地包括这样的关键词,但绝不等于用这些关键词进行简单的堆积就能产生好的题目,还要从反映全文主题的角度选词,并将其与必要的关键词、连接词进行科学、正确的逻辑组合。可以认为题目中的词语来自三个方面:一是描述研究对象的词语;二是反映创新性成果的关键词;三是正确连接前两类词语成为题目的连接词。前两类词语一般是由名词、动名词和词组构成。

确定题名一般先设计几个题名,然后反复推敲、分析、比较、修改,进行最好的逻辑组合,最终可以确定一个满意的题名。

在拟定、确定论文题名时,概括起来,本书作者认为要围绕"准、特、新、精、明"5个字上多下工夫。"准"是指题名一定要准确、科学和严密;"特"是指题名一定要突出研究成果的创新特色;"新"是指题名一定要有新鲜感、有新意;"精"是指题名一定要简洁、精练、精辟;"明"是指题名一定要使读者容易理解、一目了然。

应该指出,上述5个字,即对论文题名的5个指标要求,往往它们之间存在矛盾,或不兼容性,作者就要在它们之间进行反复比较、推敲、权衡,最终确定出一个满意的好题名。

3.1.4 题名中的常见问题

我国《科学通报》对题目要求中指出,题名是文章的"画龙点睛"之处,要紧扣主题,新颖,有足够的信息量,能引起读者兴趣,应避免使用大而空的题目。最好不用"……的研究","……的意义","……的发现","……的特征","……的讨论",回避生僻字、符号、公式和缩略语,一般不超过25个字。

此外,近些年来"基于……"的论文题目较流行,使得"基于"一词变得时髦起来。殊不知,这样的词汇用在论文题目中,往往会出问题:要么多余,要么令人误解,要么起副作用。

下面举几个题目修改例子,供大家借鉴。

(1)《关于钢水中所含化学成分的快速分析方法的研究》题目中,"关于、中所含、方、的研究"都可舍去,修改为《钢水化学成分的快速分析法》,不仅将原21个字题目减少到12个字,而且读起来干净利落,简单明了。

(2)《基于无线传感器网络(WSN)的无线定位技术算法研究》题目,存在着以下几个问题:

① "基于"有"在…基础之上"的意思,这样不利于体现论文的创新性。基于强调的是研究的基础或手段,而"应用"强调的是结果,是在传统手段基础上提出的新方法、解决的新问题。因此,可将"基于"换成"应用",考虑到无线传感器网络与无线定位前后的因果逻辑关系,"应用"也可不要。

② "无线传感器网络"与其英文缩写词"WSN"同时出现不妥,尤其是在题目中不宜使用英文缩写词,不利于读者搜索到。

③ "无线定位技术算法"中的"技术"与"算法"连在一起不妥,技术可删去。

④ "无线传感器网络"与"无线定位技术算法"两者之间存在因果的逻辑关系,即使用"无线传感器"必然是用于"无线定位",因此,后面的"无线"二字多余。

⑤ "研究"一词可以不要。

这样一来,删掉"基于、WSN、无线、技术、研究"后,修改为《无线传感器网络定位算法》,由原 23 个字(符)的题目减少到 11 个字,突出了核心内容。

(3)《基于时滞多传感器数据的信息融合滤波》的题目,存在的问题类似于(2)的情况。"基于"可去掉,"传感器数据的信息融合"的"数据"与"信息"之间存在重复表述问题,可删去"数据",保留"信息",再将多余的"的"字删去。考虑到学位论文内容是研究融合滤波算法,所以修改为《时滞多传感器信息融合滤波算法》。

(4)《一种高效率的 OFDM 系统的多播资源分配算法》题目存在一类常见共性的问题,为了体现作者自己的研究水平,喜欢使用"新的、先进的、高效的、可行的"之类的词语。这样,一方面带有主观性;另一方面没有信息量。此外,使用缩写词"OFDM"不利于更多的读者熟悉和理解。论文研究的内容是多播资源的分配,为此构建了一套动态规划算法。题目中应补充"动态规划"以反映论文的核心内容、例子,题目修改为《正交频分复用(OFDM)系统多播资源的动态规划算法》。

(5)《机车信号地面分析系统》的题目,究竟是理论分析,还是分析软件设计,还是原理样机研制,像这样的题目表达的意思不完整、不明确,也是学位论文题目中常见的问题。

上述题目中暴露出的问题,究其根源在于论文作者没有真正理解论文题目的属性、命题方法和技巧。为了确定一个好的题目,作者必须从深刻理解题名的本质属性出发,深入挖掘、凝练自己科研成果的特色及创新性,这样才有助于将命题的原则和形式要求落实到一篇具体的学位论文中去。

3.1.5 拟定题名时值得注意的问题

拟定一篇科技论文的题名与设计一篇文学作品的题目、一部电影的名称是有很大差异的。前者要具有准确、恰当、简明的特点,不能让人琢磨不定,而后者常用隐喻的表现形式,留给人们想象空间,让人们去思考等。拟定科技论文题目要注意以下问题。

(1)因为论文题目要反映作者具有创新性的研究成果,所以尽量不要选用和同类研究的学位论文雷同的题目。这样,有利于突出自己的特色,让浏览论文者的第一印象感到新鲜,吸引读者想要阅读。

(2)不能采用整个一个句子作为题目,要选用词和词组,尤其是要注意把论文中重要的关键词选用到题目中。正因为论文题目不是一个完整的句子,所以论文题目中字词的意思和排列就显得格外重要,它们之间不能出现修饰上的错误、逻辑关系上的问题。题目中出现语法错误多数是由于词序错误引起的。

(3)确定题目要防止贪大求全,不要以为题目越大论文水平就越高。其实恰恰相反,题目越大,用这样大的题目来衡量你的研究工作量,就可能不足;相反,题目也不能太小,题目太小的学位论文易被认为研究工作量不足。所以,论文设计的题目大小要恰到好处。

(4)确定题目要切忌大题小做,要力戒泛指性的概念,要尽量使用专业性较强的词汇,尽可能提示出学位论文所要研究的具体内容。

(5)确定题目要防止堆积时髦词语和不能准确反映特定研究内容的词语,以防给人华而不实的感觉。

(6)题目中应尽量避免使用英文缩略语,更不要自己编造一些使人费解的中文简略词。

3.2 摘要

3.2.1 摘要的定义及用途

学位论文的摘要是对论文内容的高度概括,是全文的一个缩影。摘要应具有独立性和自含性,即摘要是一篇完整的短文,可以独立使用;不阅读论文的全文,就能获得与论文等同量的主要信息。

摘要一般应说明研究工作的目的、方法、结果和结论,重点是结果和结论。学位论文的摘要应包括以下几个方面的内容:

(1)论文的研究背景、目的及意义。概要地说明论文的研究背景与意义、相关领域的研究现状、论文所针对的关键科学(技术或工程)问题,使读者把握论文选题的必要性和重要性。

(2)论文的主要研究内容。阐述论文要解决核心问题所开展的主要研究工作内容、研究方法或研究手段,使读者可以了解论文的研究思路、研究方案、研究方法或手段的合理性、先进性和科学性。

(3)论文的主要创新成果。简要阐述论文的新思想、新观点、新技术、新方法、新结论等主要信息,使读者可以通过创新成果了解论文的创新性。

(4)论文成果的理论和实际意义。客观、简要地介绍论文成果的理论和实际意义,使读者可以快速获得论文的学术价值。

摘要的用途:一是供读者快速了解全文的内容以利于确定有无必要阅读全文;二是供国际著名数据库检索使用,在看不见全文或不必看全文的情况下,研究水平只能根据摘要来体现;三是供二次文摘采用。

3.2.2　摘要四要素及其特点

摘要包括研究目的、方法、结果、结论四个要素,具体说明如下:

(1)目的:研究的目的、前提、任务、意义及涉及的对象。

(2)方法:研究方法和手段,包括应用理论、模型、技术、实验、测试、仿真、条件等。

(3)结果:研究工作所获得有价值的新见解、新规律、新理论、新技术、新算法等创新性成果。

(4)结论:对所取得的研究结果的分析、比较、评价,给出客观、合理、科学的结论。

应该指出,摘要的四要素规定了其内容的结构形式,分为四个层次。此外,摘要具有如下特点:

(1)完整性:提供了涵盖研究目的、方法、结果、结论的论文主要信息。

(2)自明性:读者只要看了摘要,不看全文,就能了解论文的主要内容。

(3)独立性:可单独组文就能使用,不依赖于全文。

(4)简洁性:措辞精练,简短明确。

概括起来,作者写摘要就要向读者简明扼要地回答这样的一些问题:为了什么目的研究?用什么样的方法研究?研究什么具体内容?获得一些什么研究结果?得到一些什么结论?

3.2.3　摘要写作方法及常见问题

(1)摘要写作方法

撰写摘要的时间,一般放在写完全文之后,再写摘要。这样能够更完整、更进一步浓缩全文,有利于写出好的摘要。

摘要在结构上按照研究目的、方法、结果、结论的四个层次撰写,按照先后顺序,各部分的字数及重要性,一般应保持递增的趋势。既然摘要自身是一篇独立完整的短文,那么上述各个部分之间必须语义连贯,以保证摘要的结构严密性和内容的系统性。

摘要在阐述研究内容、研究方法和主要结论时,除必要时使用第一人称外,一般使用第三人称,用叙述方式进行撰写。撰写摘要内容的所用词语,应该优先从学位论文的关键词、绪论、章节标题、每章的小结以及结论中寻找。原则上是出自它们,但又高于它们,这就要求摘要不要简单重复论文中的词语和句子,而要言简意赅,表达更精辟。

还应该指出,摘要绝不应该出现论文中没有的信息和结论。

摘要必须采用规范的名词术语,对于新术语或无中文译文的术语,可用外文或在中文译文后加括号注明外文的两种方式处理。摘要中不宜使用公式、图表、化学反应式或结构式、元器件型号代码、非常用的缩写词和非公知的符号与术语,不标注引用文献编号,如一定要指明文献,需要通过写出具体内容加以表述。不难看出,学位论文的中文摘要,原则上要通过文字形式撰写,不用公式、图表之类的工程语言,但对于数学、化学及生命科学学科学位论文摘要可能会出现公式及分子式等,另当别论。

中文摘要的字数,学士论文(毕业设计)一般为 300~500 字;硕士学位论文一般为 500~1000 字;博士学位论文一般为 1000~2000 字。英文摘要应保持和中文摘要的内容完全一致,当中文摘要中出现表达创新性的新名词术语,而又没有对应的英文词语时,可用汉语拼音表示该词语。

(2)摘要中常见问题分析

问题 1 在论文中东抄几句、西摘几句,拼凑成摘要的内容,失去了摘要是一篇完整、独立论文的内涵。

分析 这种情况往往是作者错误地把"摘要"理解为"从论文中摘出一些表达重要内容的句子拼到一起"。实际上,写摘要是对全文有价值的信息浓缩过程,它的用语和表达要源于论文,又要高于论文。所以,摘要必须以一篇独立论文的形式撰写,有一个重新组织词语、凝练四要素的过程。在某种意义上,摘要要比全文更难写。

问题 2 对研究背景、目的、意义、概念、理论和一般常识性的内容叙述过多,冲淡了摘要的重点内容。

  分析 摘要是要突出作者的创新性研究结果和结论,所以与此无关紧要的内容一律不要写入摘要。否则,就破坏了摘要四要素内容和结构上的平衡。其中,第一要素目的是作为摘要的引子,字数一定要少而精。

  问题3 把学位论文的结论拷贝过来作为摘要。

  分析 把摘要和结论混为一谈,实际上二者并不是一回事,是有区别的。结论是对取得的研究结果,根据已有科学的评价标准,作者从定性和定量两个方面作出的客观、合理、科学的判断后总结出的论文创新点,并给出进一步开展工作的展望。然而,也不是说结论中写了,摘要中就不能写,相反,在摘要中应该体现结论中的主要结果。

  问题4 摘要中出现作者主观性的评价、诠释之类的用语,如:"……性能极好","……精度极高"。

  分析 违背了摘要的内容要客观、准确的要求,不能添加主观的评价意见,更不能有意拔高,要禁用一些"极、最"之类极端的修饰用词。要用创新性研究结果的事实、数据或指标来表明成果水平,摘要又不宜使用公式、图表、曲线等表达形式,但可用"精度提高了一个数量级"等形式表达。

3.3 关键词选择及常见问题

3.3.1 关键词的定义及用途

  关键词是为了文献检索工作的需要,从学位论文中选出来用以表示全文主题内容信息条目的单词或术语。关键词是文献检索的主要信息源。关键词是对论文信息最高度概括的词条和术语,具有语义性。它能限定研究范畴,反映研究成果内涵,体现创新特色。

  学位论文一般选用3~8个词作为关键词,以显著的字符另起一行,按词条的外延层次从大到小的顺序,排在摘要的左下方,关键词之间用分号隔开。所选定的关键词都应来自学位论文本身。如有可能,尽量用《汉语主题词表》和各专业主题词表提供的规范词。英文关键词在数量和意义上应保持和中文的完全一致。

关键词在数量上太少,既不利于检索,又不利于表达论文的主题,但过多又可能冲淡主题,甚至易造成这些关键词表达的含义偏离主题。

3.3.2 关键词组成特点及其来源

关键词由名词、动词或词组组成,如自然科学及科学技术名词、科学技术类动词、科学技术的方法、技术性词组、专有名词、专业术语、物品名称、产品型号等。每个关键词的词义表达要完整,对于专业组合词不宜拆开,但又不能拼成一个过长的大词组作为关键词。关键词一般不加修饰成分。

关键词可理解为是"摘要"的摘要,是论文信息的最高度概括。关键词具有三个特点:一是关键词具有逻辑性、层次性、整体性和有序性;二是关键词具有精确性,其语义要明确、表达要准确,外延范围以学位论文反映的学科最小归属性为界限;三是关键词具有规范性。

关键词来源于以下三大类词汇:

第一类是《汉语主题词表》(1980年第1版共3卷10册。第一卷是社会科学部分,有两个分册;第二卷是自然科学部分,有7个分册;第三卷是附表。共收录正式主题词9.1万条,非正式主题词1.7万余条。2005年又出版了第2版)。

第二类是专业性汉语主题词表,如《国防科学技术主题词表》、《电子技术主题词表》、《航空科技资料主题词表》、《原子能科技资料主题词表》、《机械工程主题词表》、《石油工业主题词表》、《农业主题词表》等。

第三类是主题词表中未收入的自由词,主要是反映新学科、新技术的名词术语、专业性很强的标识符等,如新样机型号等。

3.3.3 关键词选择方法及常见问题

学位论文的关键词一般来自论文的题目、摘要、章节标题、各章小结、正文及结论。选择关键词要选那些支撑获得研究成果的最重要理论词条,选择取得新成果的重要方法或与技术手段相应的专业术语,选择有利于深刻反映研究成果内涵的词条,选择那些有利于深刻揭示创新特色的词语,选择科学表述研究对象或所属学科的专业名词,等等。

要按照研究目的、研究内容和方法、研究结果和结论的逻辑关系选择关键词,使关键词在整体上具有系统性、结构性、层次性、逻辑性和有序性,能够清晰、深入、有序地反映论文的主题和归属特性。

关键词按以下顺序选择:第一个关键词列出该论文主要工作或内容所属二级学科名称;第二个关键词列出该论文研究得到的成果名称或文内若干个成果的总类别名称;第三个关键词列出该文在得到上述成果或结论时采用的科学研究方法的具体名称;第四个关键词列出在前三个关键词中没有出现的,但被该文作为主要研究对象的事或物质的名称,或者在题目中出现的作者认为重要的名词。如有需要,第五、第六个关键词等列出作者认为有利于检索和文献利用的其他关键词。

选择关键词中常见问题概括如下:

(1)随意给出几个词作为关键词,致使标引深度不恰当,揭示主题不深。

(2)通用词汇多,专业词汇少,致使外延太大,难以反映特定的研究成果。

(3)选非公用的缩略语、短语及句子作关键词,失去了检索和标引的意义。

(4)构词不准,词性不明,内涵不清,信息冗余。

(5)关键词排序逻辑关系混乱,易造成读者思维混乱,对论文主题理解产生误导。

(6)将同义词、近义词并列为关键词,致使信息冗余。

(7)添加修饰成分,如"先进的"、"现代的"、"精密的"。

(8)选上的关键词并不关键,而关键的词选不上。

3.4 正文写作

3.4.1 正文写作的一般要求

国家标准 GB/T 7713.1—2006《学位论文编写规则》对学位论文主体部分的一般要求如下:

主体部分应从另页右页开始,每一章应另起页。

主体部分一般从绪论(引言)开始,以结论或讨论结束。

绪论(引言)应包括论文的研究目的、流程和方法等。

论文研究领域的历史回顾、文献回溯、理论分析等内容,应独立成章,用足够的文字叙述。

主体部分由于涉及的学科、选题、研究方法、结果表达方式等有很大差异，不能做统一的规定。但是，必须实事求是、客观真切、准备完备、合乎逻辑、层次分明、简练可读。

学位论文的正文字数，因学科不同要求会有较大差异。这里对一般理工科、管理学科的博士论文正文字数给出如下参考数据：

博士学位论文正文一般为6~10万字（含图表）。

硕士学位论文正文一般为4~6万字（含图表）。

学士论文（毕业设计）正文一般为3~4万字（含图表）。

3.4.2 学位论文章节标题的设计

设计章、节及各级小标题尤为重要，好的标题和小标题应能以简短的词语概括浓缩各章、节、条目中内容的本质特征，尤其是反映作者创新性思想和特色成果的词语应尽可能在标题中有所体现。

在设计学位论文章节标题时，常常出现以下问题：

(1) 章节题目设计太随便，缺少反映特定研究工作的词语，从目录上看像是一本书。

(2) 章节题目设计的字数太少，表达的意义不完整。

(3) 章节题目设计的字数太多，一个标题一行字都打不下，突出不了重点。

3.4.3 正文各章内容的组织

第1章为绪论，通常包括研究课题来源、背景、目的及意义，该领域国内外研究现状综述，目前存在的主要问题及本文研究的主要内容。第1章不加本章小结。

第2章一般是后续章节研究工作的基础。通常是开展本课题研究所必需的数学基础、理论基础，或系统分析、建模、系统控制方案设计，或是实验装置、机械系统结构，或是应用的新软件、器件介绍等。第2章的内容因学科、论文研究对象不同，内容和形式也各有所不同。

第3章开始，一般学士论文至少用2章、硕士学位论文至少用3章、博士学位论文至少用4章的篇幅，来介绍和论证自己所开展的研究内容、方法、研究过程及取得的研究成果。

第 2 章开始,后面的每一章最后都有一小节作本章小结。本章小结是对本章研究内容、方法与成果的简洁准确的总结与概括,也是学位论文最后结论的依据。本章小结是对本章研究工作给出总结并给出结论性意见。

结论是正文的最后一章,但结论不编号,它的地位和作用等同于章。

3.4.4 绪论的写作方法

绪论作为学位论文的开篇,其地位和作用不言而喻。绪论应包括:本研究课题的来源、背景、理论意义与实际意义;国内外与课题相关研究领域的研究进展及其成果、存在的不足或有待深入研究的问题,总结、归纳出将要开展研究工作的目标、总体方案、研究内容、研究程序和方法。

下面分别就绪论中的有关内容撰写方法及常见问题说明如下。

(1) 课题来源、背景、研究工作的目的及意义

学位论文的课题来源有多方面,概括起来,研究涉及科学理论、技术创新、工程应用、实验设计、系统观测、产品研发等。撰写这部分内容的时候,无论是什么题目都要注意从有利于提高科学研究、学术研究水平的角度考虑来写,而不是以研究项目报告、产品介绍等方式撰写,否则就突出不了学位论文的研究价值。要善于从研究的实际课题中挖掘出潜在的理论问题、技术问题、应用问题,这样有利于展现作者的理论基础、学术水平及综合能力。

(2) 国内外该领域研究进展综述

作者需要系统全面地收集大量的国内外相关文献,在深入研读、消化、分析、归纳、整理的基础上撰写综述,要分层次逐渐展开。写的顺序是该领域研究的由来、进展及现状。

综述包含两个方面,一是综合,二是评述。首先,通过综合大量典型文献阐述该领域的主要理论观点、学术思想和取得的研究成果以及存在的主要问题。然后,在综述的基础上,作者要评述该领域的研究现状,并明确指出需要解决的重要问题,从中找出要开展研究的切入点,从而为撰写要开展的研究工作内容做铺垫。

撰写综述过程中常出现如下几个方面的问题:

① 文献数量不足、面不够全,缺少典型文献和近几年新文献,中文文献多,外文文献少。

②文献综述写成流水账，缺少系统的梳理和归纳，使人看不出总的发展趋势。

③按时间顺序罗列大量文献，没有对文献的评述或评述得不到位。

④综述最后没有总结出该领域研究存在的不足，需要进一步深入解决的科学问题或关键技术或工程应用问题等。

⑤综述过程中对所引用国内外文献缺少准确标注。

(3) 本文研究的主要内容

这部分内容相当于"研究课题任务书"，着重阐明应用什么理论或应用什么新方法、新技术、新软件、新器件等来研究什么具体内容，或提出什么新理论、新方法、新技术、新算法，用来解决什么问题，达到什么预期目标等。

如果论文的内容多，结构比较复杂，为了便于读者了解各章内容之间的关系，可在本文研究的主要内容之后，介绍一下本文内容的组织结构，也可用一个结构图表明各章之间的关系。

撰写本文研究的主要内容时，要注意以下问题：

①撰写本文研究的主要内容时，不要用完成时，要用将来时。

②不能按论文目录罗列各章主要内容作为本文的主要研究内容，应该分成几项研究内容单独写，并加序号但可不加小标题，一项研究内容独立占一段。在写具体研究内容之前，应该有一个起始段，简要说明研究对象、研究条件和研究目标等。

3.4.5 正文写作的具体要求

论文正文是学位论文的主要部分，占有论文的绝大部分篇幅。作者应该站在读者的立场上，就如何展开研究工作，如何取得研究成果以及创新性的思维过程在论文主体中进行较为详细的论述和论证。

正文部分应该结构严谨，层次清晰，重点突出，文字简练，表达准确，语言通顺。论文各章之间、各节之间、各节段落之间都要前后呼应、相互关联，形成一个逻辑严谨的有机整体。下面介绍对论文主体写作的具体要求。

(1) 主题明确

要紧紧围绕科研的创新性工作这一主题展开分析、讨论、论述、论证，不要离题。要求文字简练，表达准确，语言通顺。经常出现的毛病是，随便把一段话放在论文中充数，与论文没有太大的关系，有它没它一个样，就像盲肠一样，应坚决删掉。常识性的东西不要写入学位论文。

(2) 逻辑严密

主体部分应该结构严谨，层次分明，条理清楚，论文各章之间、各节之间、各节段落之间都要前后呼应、相互关联，形成一个逻辑严谨的有机整体。全文是一个整体，应避免主体部分杂乱无章、逻辑混乱。有的学位论文主体部分就像是几部分内容或几篇学术论文拼凑在一起，致使学位论文结构松散，或称为论文结构不稳定。

(3) 概念准确

论文中使用的已有概念或作者提出的新概念一定要准确、科学。切忌概念不清或偷换概念，给出伪概念。尤其是基本概念不清易造成错误的结果，得到错误的结论。

(4) 表达得体

为了保证学位论文的科学性、可读性，学位论文的表达要求语言必须准确、简明、直观、形象、通用、规范。撰写学位论文的语言表达有两种形式：一是人的自然语言，又称自然语言符号系统，它由字和标点符号组成；另一种是人工语言符号系统，它由字母、符号、公式、图表、照片等组成，这种人工语言又被称为工程语言。

自然语言的表达具有准确、简明、生动等特点，而人工语言的表达具有信息直观、形象、鲜明等特点。作者必须善于使用这两种语言，并将它们恰到好处地结合，才能使学位论文的内容表达得体。例如，在叙述研究过程、研究思路时，多用自然语言，但必要时也可用人工语言的框图表达，使得过程或思路一目了然；在定量刻画所研究的对象或系统之间的量的关系时，多采用公式表达；在描述实验结果或仿真结果时，多用图表等人工语言。

当用到外来语、缩略语、缩写词时，在论文中首次出现，要用括号给出原文，并用汉语说明其含义。

(5) 结果正确

对于研究过程中的理论推导、科学实验、试验过程、观测过程、仿真过程、计算机仿真环境等需加具体、简明的叙述，所获得的数据、曲线、图像等表明研究结果的有价值信息一定要真实、可靠、正确，要经得起他人的检验，应具有可重复性。要避免对研究过程及获得研究结果的过程说明只通过一两句话一带而过,直接给出结果。

(6)论证充分

论述过程要有观点、有解决问题的思路,论证过程要科学充分,有材料、有说服力。作为理工类的学位论文,一定要注意用事实来说话,即用实验结果、数据、曲线或理论证明来论证。

(7)引文恰当

论文主体中引用他人研究成果的文献时,应明确、恰当地注明出处,不得将其与本人提出的理论分析混淆在一起,要使作者的新成果和他人成果的界面清晰可见,以避免造成引用不当或文献标注不清产生侵权嫌疑。

(8)结论明确

对全文研究工作的结论要明确、肯定,不能含糊其词。对于创新点的总结要有概括性,要有深度,要便于评审人理解和认定。

对各章的小结撰写要求同论文一样,只不过每章的小结是一章内容的结论,而结论是对论文的整体内容而言。

3.4.6 正文插图的规范

(1)图的种类

图包括曲线图、构造图、示意图、框图、流程图、记录图、地图、照片等。

机械工程图:按照 GB4457～GB131—83《机械制图》标准规定,采用第一角投影法。

数据流程图、程序流程图、系统流程图等按 GB1526—89 标准规定。

电气图:图形符号、文字符号等应符合有关标准的规定。

流程图:必须采用结构化程序并正确运用流程框图。

原理图:必须按照各专业规范形式绘制,不能把示意图作为原理图。

对无规定符号的图形应采用该行业的常用画法。

坐标图的坐标线均用细实线,粗细不得超过图中曲线;有数字标注的坐标图,必须注明坐标原点、名称和单位。

照片图要求主题和主要显示部分的轮廓鲜明,便于制版。如用放大缩小的复制品,必须清晰,反差适中。照片上应有表示目的物尺寸的标度。

(2) 图题编号及说明

图应有"自明性",即直接看图就可以明白图要表达的主要有用信息,一般不再需要对其进行复杂的解释。

图应有编号。图的编号由"图"和从 1 开始的阿拉伯数字组成,如图 1。图较多时,可分章编号,如图 1.1 表示第 1 章第 1 个图,或按章节编号,如图 1.2.3 表示第 1 章第 2 节的第 3 个图。

图应有图题,图题即图的名称,置于图的编号之后,一般图的编号和图题之间留 1 个字空格。图的编号和图题应置于图的下方。学士论文(毕业设计)、硕士论文中的图题只用中文,博士论文用中、英两种文字,居中书写,中文在上,要求中文用宋体 5 号字,英文用 Times New Roman 5 号字。

有图注或其他说明时应置于图题之上。引用图应注明出处,在图题右上角加引用文献号。一个图中若有多个分图时,分图题置于分图之下或图题之下,可以只用中文书写,分图号用 a)、b)等表示。

引用文献中的图时,除在正文文字中标注参考文献序号以外,还必须在中、英文图题的右上角标注参考文献序号。

图中各部分说明应采用中文(引用的外文图除外)或数字符号,各项文字说明置于图题之上(有分图时,置于分图题之上)。

图中文字用宋体、Times New Roman 字体,字号尽量采用 5 号字(当字数较多时可用小 5 号字,以清晰表达为原则,但在一个插图内字号要统一)。同一图内使用文字应统一。

(3) 图的编排

正文中必须先有关于插图的提示,"如图 1.1 所示"或如"见图 1.1"等,然后在这之后适宜的位置上编排插图。排图与其图题不得拆开置于两页。当插图在该页空白处排不下时,则可将其后面文字部分提前编排,将图移到次页。有分图时,分图过多在一页内安排不下时,可转到下一页,但总图题只出现在下一页的最后分图的下方。

插图的上下与正文中的文字间需留一定空位置编排。

3.4.7 正文表格的设计

表应有"自明性",即直接看表就可以明白表能提供的有用数据(包括单位或量纲),一般不需要对其再进行过多的说明。

表应有编号。表的编号由"表"和从 1 开始的阿拉伯数字组成,如表 1。表较多时,可分章编号,如表 1.1 表示第 1 章的第一个表,表的编号一般多为按章编号。

表应有表题,表题即表的名称,置于表的编号之后,一般表的编号和表题之间留 1 个字空格或空 1 个半角字符。表的编号和表题应置于表的上方。表题中一般不允许使用标点符号,表题后也不加标点。学士论文(毕业设计)、硕士论文中的表题只用中文,博士论文用中、英两种文字,居中书写,中文在上,要求中文用宋体 5 号字,英文用 Times New Roman 5 号字。

表的编排,一般是内容和测试项目由左至右横读,数据依次竖读。表的编排建议采用国际通用的三线表,即只用三条横线,表的两端不加左、右边竖线。如果三线表难以清晰表达表中的内容,应根据需要在表中按通常的惯例,适当地加横线、竖线或必要的斜线,以简明、清晰为宜。

表之前文中必须有相关文字提示,如"见表 1.1"、"如表 1.1 所示"。一般情况下表不能拆开两页编排,如某个表需要转下页接排,在随后的各页上应重复表的编号。编号后跟表题(可省略)和"(续)",至于表上方。续表均应重复表头。插表的上下与文中文字间需要空一行编排。

表头设计应简单明了,尽量不用斜线。表头中可采用化学符号或物理量符号。

表中如用同一单位,则将单位符号移至表头右上角,加圆括号。

表中数据应准确无误,书写清楚。表内文字或数字上、下或左、右相同时,采用通栏处理方式,不允许用"〃"、"同上"之类的写法。当表中某项数据缺少时,用一字线表示。

表内文字说明,起行空 2 个半角字符,转行顶格,句末不加标点。

引用文献中的表格时,除在正文文字中标注参考文献序号以外,还必须在中、英文表题的右上角标注参考文献序号。

3.4.8 正文公式的表达

论文中的公式应另行起,并缩格书写或居中书写,与周围文字留足够的空间区分开。

如有两个以上的公式,应用从 1 开始的阿拉伯数字进行编号,并将编号置于括弧内,公式的编号右端对齐,公式与编号之间可用"…"连接,也可不用。公式多时,可分章编号,如(1.1),或(2.1.3)。

若公式前有文字(如"解"、"假定"等),文字前空 4 个半角字符,公式仍居中写,公式末不加标点符号。

较长的公式需要转行时,应尽可能在" = "处转行,或者在" + "、" − "、" × "、"/"等记号处回行。转行时运算符号仅书写于转行式前,不重复书写。公式中的分数线的横线,其长度等于或略大于分子和分母中较长的一方。不能用文字形式表示等式。

如正文中书写分数,应尽量将其高度降低为一行。如将分数线写为"/",将根号写为负指数。如: $\frac{1}{\sqrt{2}}$ 写成 $1/\sqrt{2}$ 或 $2^{-1/2}$ 。

公式中第一次出现的物理量代号应给予注释,注释的转行应与破折号"——"后第一个字对齐。破折号占 4 个半角字符,注释物理量需用公式表示时,公式后不应出现公式序号。

3.5 结论

论文的结论是最终的、总体的结论,不是论文中各章小结的简单重复。结论应包括论文的核心观点,交代研究工作的局限,提出未来工作的意见和建议。结论应该准确、完整、明晰、精练。

3.5.1 结论的撰写方法

结论是对论文研究结果和具有创新性研究成果的系统、科学总结,是论文的精髓,起到编筐编篓收口的作用。编筐编篓,贵在收口。结论是整篇论文的总凝练与升华。

结论不是观察和结果的简单合并与重复,应是对创新性成果的再认识、凝练、升华的过程。对研究结果的评价,应该做到客观、准确,既无夸大,又不缩小,恰如其分。

结论作为学位论文正文的组成部分,单独排写,不加章标题序号,不标注引用文献。结论部分的字数:博士论文一般在 2 000 字以内,硕士论文一般在

1 200字以内,学士论文(毕业设计)一般在800字以内。

以博士学位论文为例,结论的内容应包括论文的主要研究结果、创新点、展望3个部分。下面就每一部分的写作内容和要求说明如下:

结论的开始,要有一个简短的序言,说明本文应用某理论、某方法、研究某问题,取得了如下的研究结果。

主要研究结果的撰写要另起一段,可以归纳成几条加上序号分别说明,也可以用一段综合叙述。

创新点的撰写也要另起一段,通常以"本文取得的具有创新性的研究成果如下"开头,然后必须加序号另起一段分别列写出创新性成果。

最后,用简短的语言总结一下尚未解决的问题和对值得进一步研究的展望。

结论应高度概括、浓缩论文的核心观点,明确、客观地指出本研究内容的创新性成果(含新见解、新观点、方法创新、技术创新、理论创新、应用创新),并指出今后进一步在本研究方向进行研究工作的展望与设想。对所取得的创新性成果应注意从定性和定量两方面给出科学、准确的评价,宜用"提出了"、"建立了"等词叙述,不宜用"讨论了"、"给出了"之类词语来表达。

3.5.2 结论的撰写要求

(1)结论具有相对的独立性。结论要与引言相呼应,以自身的条理性、明确性、客观性反映论文价值。对论文创新内容的概括、评价要适当,既不能写得太平淡,也不能"拔高",要恰如其分。

(2)结论措辞要科学、准确,不能使用"大概"、"或许"、"可能是"模棱两可的词汇,避免使用"极大、最佳"等极端词语。结论中不应有解释性词语,而应直接给出结果。

(3)结论中一般不使用公式、量的符号,而宜用量的名称。

(4)常识性的结果或重复他人的结果不应作为结论。

3.5.3 结论的常见问题

(1)随便在论文中抄几句凑成一个结论,破坏了结论的独立性。

(2)将摘要原封不动搬过来做结论,混淆了摘要和结论的本质区别。

(3)将各章小结简单拼凑成结论,缺乏对全文成果的概括和凝练。

(4)结论中使用了极端的修饰词汇,如极高的精度。

(5)结论写得太平淡,突出不了成果的创新性。

(6)写结论有意拔高,违背了结论的客观性。

(7)只是简单罗列研究工作结果,缺少对研究结果的客观评价。

3.6 参考文献

3.6.1 参考文献收录原则

学位论文中所有引用他人的文献均要列入参考文献中,必须按出现的顺序标注,被引用同一篇文献只用一个序号。

所列出的参考文献应是作者亲自阅读过且被引用过的、最主要的、发表在正式出版刊物上的论文。教材、产品说明书、国家标准、未公开发表的研究报告(著名的内部报告,如PB、AD报告及著名大公司的企业技术报告等除外)等通常不宜作为参考文献引用。

引用网上参考文献时,应注明该文献的准确网页地址,网上参考文献和各类标准不包含在上述规定的文献数量之内。本人在攻读学位期间发表的学术论文不应列入参考文献中。尽量引用原始文献。当不能引用原始文献时,要将二次引用文献、原始文献同时标注。

3.6.2 学位论文参考文献数量

学士论文(毕业设计)参考文献数量一般为10~15篇,其中学术期刊文献不少于7篇,外文文献不少于3篇。

硕士学位论文的参考文献一般不少于40篇,外文文献不少于15篇。博士学位论文的参考文献一般不少于100篇,其中外文文献一般不少于总数的1/2。参考文献中近5年的文献数一般应不少于总数的1/3,并应有近两年的参考文献。

3.6.3 引用参考文献的标注

引文标注遵照国家标准GB/T7714—2005《文后参考文献著录规则》,采用顺序编码制。引用文献不得标注在各级标题上。正文中引用文献的标示应置于所引内容最后一个字的右上角,所引文献编号用阿拉伯数字置于方括号"[ ]"中,用小 4 号字体的上角标,下面举例说明。

(1)引用单篇文献时,如"……二次铣削[1]。"应注意不要把文献序号标在句号外面。

(2)同一处引用多篇文献时,各篇文献的序号在方括号内全部列出,各序号间用","。如遇连续序号时可标首尾序号,中间用连字符连接。如,……形成了多种数学模型[7,9,11-13]……

(3)多次引用同一文献时,在文献序号的"[ ]"后标注引文页码。如,……间质细胞 CAMP 含量测定[3]101-108;……含量测定方法规定[3]92。

(4)当提及的参考文献在文中直接说明时,则文献按正文对待,如"根据文献[8]可知……"。

3.6.4 文后参考文献著录规则

国家标准 GB/T 7714—2005《文后参考文献著录规则》规定了各学科、各种类型的出版物的文后参考文献的著录规则、著录顺序、著录用的符号、各个著录项目的著录方法等。该标准的各类出版物包括:专著、专著中的析出文献、连续出版物、连续出版物析出的文献、专利文献以及电子文献。

文后参考文献标注体系有以下两种:

顺序编码制:引文采用序号标注,参考文献按引文的序号排序。

著者-出版年制:引文采用著者-出版年标注,参考文献按著者字顺和出版年排序。

(1)专著的著录

著录项目

主要责任者,题名,其他题名信息,文献类型标志(电子文献必备,其他文献任选);其他责任者(任选);版本项;出版地,出版者,出版年:引文页码,引用日期(联机文献必备,其他文献任选),获取和访问路径(联机文献必备)。

著录格式

主要责任者.题名:其他题名信息[文献类型标志].其他责任者.版本项.出版地:出版者,出版年:引文页码[引用日期].获取和访问路径.举例如下:

[1] 李士勇.非线性科学及其应用[M].哈尔滨:哈尔滨工业大学出版社,

2011:97-111.

[2] 辛希孟. 信息技术与信息服务国际研讨会论文集:A 集[C]. 北京:中国社会科学出版社,1994:5-7.

[3] 金宏. 导航系统的精度及容错性能的研究[D]. 北京:北京航空航天大学自动控制学科博士学位论文,1998:58-62.

[4] 赵耀东. 新时代的工业工程师[M/OL]. 台北:天下文化出版社,1998[1998-09-26]. http://www.ie.nthu.edu.tw/info/ie.newie.htm(Big5).

[5] PEEBLES P Z, Jr. Probability, random varable, and random signal principles[M]. 4th ed. New York: McGraw Hill, 2001:16-19.

(2) 专著中析出文献著录

著录项目

析出文献主要责任者,析出文献题名,文献类型标志(电子文献必备,其他文献任选);析出文献其他责任者(任选);专著主要责任者,专著题名,其他题名信息,版本项;出版地,出版者,出版年,析出文献引文页码,引用日期(联机文献必备,其他文献任选),获取和访问路径(联机文献必备)。

著录格式

析出文献主要责任者. 析出文献题名[文献类型标志]. 析出文献其他责任者//专著主要责任者. 专著题名,其他题名信息. 出版地:出版者,出版年:析出文献的页码[引用日期]. 获取和访问路径. 举例如下:

[1] 程根伟. 1998 年长江洪水的成因与减灾对策[M]//许厚泽,赵其国. 长江流域洪涝欠债与减灾对策. 北京:科学出版社,1999:32-36.

[2] 钟文发. 非线性规划在可燃毒物配置中的应用[C]//赵玮. 运筹学的理论与应用:中国运筹学会第 5 届大会论文集. 西安:西安电子科技大学出版社,1996:468-471.

[3] WEINSTEIN L, SWERTZ M N. Pathogenic properties of invading microorganism[M]//SODEMAN W A, Jr. SODENMAN W A. Pathologic: mechanisms of disease. Philadelphia: Saunders. 1974:745-772.

(3) 连续出版物著录

著录项目

主要责任者,题名,其他题名信息,文献类型标志(电子文献必备,其他文献任选);卷、期、年、月或其他标志(任选);出版地,出版者,出版年,引文页码,引用日期(联机文献必备,其他文献任选),获取和访问路径(联机文献必备)。

著录格式

主要责任者.题名:其他题名信息[文献类型标志].年,卷(期)－年,卷(期).出版地:出版者,出版年[引用日期].获取和访问路径.举例如下:

[1] 中国图书馆学会.图书馆学通讯[J].1957(1)－1990(4).北京:北京图书馆,1957－1990.

(4)连续出版物中析出文献著录

著录项目

析出文献主要责任者,析出文献题名,文献类型标志(电子文献必备,其他文献任选);连续出版物题名,其他题名信息,年卷期标志及页码,引用日期(联机文献必备,其他文献任选),获取和访问路径(联机文献必备)。

著录格式

析出文献主要责任者.析出文献题名[文献类型标志].连续出版物题名:其他题名信息,年,卷,期,页码[引用日期].获取和访问路径.举例如下:

[1] 李晓东,张庆红,叶瑾琳.气候学研究的若干理论问题[J].北京大学学报:自然科学版,1999,35(1)101－106.

(5)专利文献著录

著录项目

专利申请者或所有者,专利题名,专利国别,专利号,文献类型标志(电子文献必备,其他文献任选),公告日期或公开日期,引用日期(联机文献必备)。

著录格式

专利申请者或所有者.专利题名:专利国别,专利号[文献类型标志].公告日期或公开日期[引用日期].获取和访问路径.举例如下:

[1] 姜锡洲.一种温热外敷药制备方案:中国,88105607.3[P].1989－07－26.

(6)电子文献著录

泛属电子图书、电子图书析出的文献以及电子报刊中的析出文献的著录项目和著录格式,按已介绍的有关规则处理。除此之外的电子文献按下述规则处理。

著录项目

主要责任者,题名,其他题名信息,文献类型标志(含文献载体标志);出版地,出版者,出版年,更新修改日期,引用日期,获取和访问路径。

著录格式

主要责任者.题名:其他题名信息[文献类型标志/含文献载体标志].出版地:出版者,出版年(更新或修改日期)[引用日期].获取和访问路径.举例如下:

［1］ Online Computer Library Center,Inc. History of OCLC[EB/OR].[2000-01-08]. http://www.oclc.org/about/history/defalt.hum.

3.7 学位论文参考文献之后的其他内容

3.7.1 攻读学位期间发表的学术论文

学位论文后应列出研究生在攻读学位期间发表的与学位论文内容相关的学术论文(含已录用的论文),应列在学位论文的参考文献之后,需另起页。攻读学位期间所获得的科研成果、专利可单作一项分别列出。与学位论文无关的学术论文、署名为第3作者及无导师署名的学术论文,不宜在此列出。

3.7.2 原创性说明及使用授权说明

作者可直接下载本部分内容电子版。作者和导师本人签署姓名。此部分内容由学位授予单位制定,其形式没有统一格式。

3.7.3 致谢

对导师和给予指导或协助完成学位论文工作的组织和个人,对课题给予资助者表示感谢。尽量少写或不写与研究课题无关的人或事。内容应简朴、语言应含蓄。

3.7.4 作者简历

简要介绍学习经历和工作经历,经历的填写要注意真实性、时间的连续性。

3.8 对学位论文水平的要求

学士论文(毕业设计)应能表明确已较好地掌握本门学科的基础理论、专门知识和基本技能,并具有从事科研工作或担负专门技术工作的初步能力。

硕士论文应能表明作者已在本学科上掌握了坚实的基础理论和系统的专门知识,并对所研究的课题有新的见解,有从事科学研究工作或担负专门技术工作的能力。见解是指对所研究问题的认识和看法,新见解指对所研究的课题有新的认识和新看法,这就意味着对所从事的研究工作不是简单重复、模仿、克隆、抄袭前人的工作。

博士论文应能表明作者确已在本门学科上掌握了坚实宽广的基础理论和系统深入的专门知识,并具有独立从事科学研究工作的能力,在科学或专门技术上做出了创造性成果。

创造性包括原创性与创新性,所谓原创性指第一次、首次、过去没有的创造性;创新性往往是在已有成果的基础上的有所改进、有所前进。创新性包括科学层面、技术层面、应用层面等。例如,研究工作发现了新现象、新规律、新机理、新理论等;改进或提出了新工艺、新算法等;建立了新模型、提出了新的控制方案等;设计了新实验、研制了原理样机等;用已有理论解决没有解决过的老问题或用新理论解决老问题或新问题等,所有这些都属于创新的范畴。

第4章 怎样撰写学术论文

■ 本章阐述学术论文的定义、特点、结构、撰写方法,并将学术论文与学位论文进行了对比。重点对 SCI 论文给出每一个组成部分的定义、特点、基本要求,具体写法以及值得注意的问题,其中包括题目(题名)、摘要、关键词、引言、正文、结论、参考文献及附录等内容。尤其对正文内容的结构组织、语言表达、论证方法、图表规范等进行了较详细阐述。

4.1 学术论文的定义及特点

学术是指有系统的、较专门的正确反映客观事物的系统知识。

学术论文是某一学术课题在实验性、理论性或观测性上具有新的科学研究成果或创新见解和知识的科学记录;或是某种已知原理应用于实际中取得新进展的科学总结,用以在学术会议上宣读、交流或讨论;或在学术刊物上发表;或作其他用途的书面文件。

学术论文与学位论文虽然同属于科技论文,但它们是有区别的,主要表现在如下几方面:

(1)功能不一样。学位论文主要用于向评审人员和答辩委员会提供考核是否达到某学位学术水平的文字材料,而学术论文主要用于公开的学术交流。

(2)研究范围不一样。学术论文专业性更强,更侧重于某一专门问题的研究,而学位论文尽管也有专业领域的划分,但考虑到对攻读学位研究生理论基础、研究能力、学术水平的综合考核需要,学位论文课题研究内容往往涉及专业或对象的几个问题。

(3)学术水平上有差异。一般而言,学术论文的学术水平要高于学位论文。

(4)学术论文能够公开发表或在学术会议进行学术交流,而学位论文一般不公开出版发行。特别优秀的博士论文有的也公开出版。

（5）二者的结构相近，但学位论文的篇幅远大于学术论文。学位论文少则几十页，多达一二百页，而国内学术论文少则三四页，最多不过十页，国外学术论文可多达二十几页。

4.2　学术论文的结构

学术论文的结构包括如下三部分：
（1）前置部分：标题、作者、单位、摘要、关键词。
（2）正文：引言（前言）、正文（包括几节，节中又可分多个小节）、结论。
（3）后置部分：参考文献、致谢、附录。

4.3　SCI 论文的结构

4.3.1　SCI 论文

SCI 是 Seince Citation Idex（科学引文索引）的缩写，被 SCI 收录的期刊简称为"SCI 期刊"，在 SCI 期刊上发表的论文，一般称为 SCI 论文。SCI 不仅是国际上公认的科学文献检索工具，而且也是科研评价的一种重要依据。

SCI 有别于 EI（Engineering Index，工程索引）、SA（Scientific Abstract，科学文摘）等文摘，因为 SCI 可以通过当前文献引用早期文献来说明文献之间的相关性，反映文献间的相互引证和科研之间的内在联系以及对科学研究影响与贡献。通过检索 SCI 可以获得如下丰富的信息：论文的重要内容是什么？相关论文是否被引过？相关课题的综述及最新进展？某理论有没有得到进一步的证实？某方法有没有得到改进？某概念是什么，由谁提出的？某理论和某概念有没有应用到新的领域中？相关人员发表过哪些论文？

SCI 收录文献的标准是以期刊论文被引用次数作为评价标准，被引用的频次越高，表明该期刊的影响越大。

4.3.2　SCI 论文的结构

SCI 论文结构由以下部分组成：

(1) 题目(Title)。
(2) 作者姓名(Author),工作单位,地址(Address)。
(3) 摘要(Abstract)。
(4) 引言(Introduction)。
(5) 材料与方法(Material and Methods)。
(6) 结果(Results)。
(7) 结论(Discussion)。
(8) 致谢(Acknowledgements)。
(9) 参考文献(References)。

4.4 SCI 论文的特点

4.4.1 学术性

所谓学术是指系统和专门的学问,是有较深厚的实践基础和一定理论体系的知识。科技论文的学术性是指一篇科技论文应具有一定的学术价值(理论价值)。运用科学的原理和方法,通过思考和分析或实验,做出判断,最后得出新的见解或结论。因此,学术性是科技论文的基本特性。

4.4.2 创造性

科学研究的目的在于创造,SCI 论文强调原创性和创新性。原创性不等同于创新性,创新性可以是别人研究的延续,而原创性意味着一个新事物、新领域、新问题的开创。

4.4.3 规范性

SCI 论文必须按照一定格式和要求进行规范写作。文字表达要规范、准简、通顺、简明、条理清楚。参考文献著录要规范,采用国际法定名词术语、数字符号、计量单位等。

4.4.4 科学性和准确性

科学性主要包括两方面:一方面是指论文内容是科学技术研究的成果;另

一方面是论文的表达形式结构严谨,思维符合逻辑规律,材料真实,方法准确可靠,观点正确无误。准确性是指 SCI 论文的实验过程、实验结果具有可重复性。

4.5　SCI 论文选题要求

4.5.1　先进性

指论文选题要有新意,内容要新,应在继承和适用已有科学成就、成果的基础上有所发现,有所发明,有所创造,有所前进,在科学理论或技术或工程应用领域有新的贡献,有所创新。先进性体现在理论方面有新的见解,或应用方面的创新技术,或研究方法的创新。

4.5.2　可行性

指论文选项能充分发挥作者的综合条件,在科学原理上可行,具备主观和客观条件,可以如期完成。

4.5.3　重要性

科学研究和技术研究选题的首要原则是,为什么要研究,有什么实际作用,其理论和学术价值,历史和现实意义是什么。

4.5.4　科学性

论文选题必须是属于科学的范畴,是客观存在的,而不是虚构的。写作的具体内容应该是取材客观真实、主题揭示本质。

4.6　SCI 论文的题目

SCI 论文题目和各节的标题是论文的重要组成部分,它们应该以最恰当、最简明的词语来反映论文中最重要的特定内容。审稿人一般首先看 SCI 论文的题目和作者。如果感兴趣,再看摘要,如果还有兴趣,接着看论文的图和表,然后通读全文。

论文的题目给出了一篇论文内容涉及研究范围和水平的第一重要信息，不仅是审稿人评价标准之一，而且也是文摘、索引等检索的重要依据。

4.6.1　SCI论文题目的要求

SCI论文题目要用最少的必要术语准确描述论文内容，要求准确、简洁、清楚、有效、吸引人、醒目、一目了然。

（1）准确完整

题目是论文的标签，应能准确、恰当地反映研究的内容和深度，与论文内容非常贴切，题要扣文，文要扣题。文题不应过于华丽或承诺太多，应反复斟酌后确定。

（2）简明扼要

题目要简洁，以最少的文字概括尽可能多的内容，在能够准确完整反映最主要特定内容的前提下，字数越少越好。当字数精选到不足以完整反映论文内容时，宁可多几个字，也要表达完整明确。

（3）清楚

题目要清晰反映论文的具体特定内容，清楚、明确地表达研究成果的独到之处、创新特色。为引起读者的注意，应将反映论文核心内容的主题词尽可能置于论文题目的开头。

（4）醒目

论文题目首先映入审稿人的眼帘，因此题目应具有吸引力，要醒目，要一目了然。好的题目应该把作者论文在同类研究中突显出来，使人耳目一新、引人注目。

SCI论文题目除上述基本要求外，还应该把题目文字的组织做到结构合理、选词准确、详略得当、语序正确、逻辑严谨、修辞规范，给人以美感。

4.6.2　SCI论文题目的表达

SCI论文要求用英语写成，其题目通常由名词性短语构成，如出现动词，多用分词或动名词形式。因为题目不应该是句子，比句子简短，无需主、谓、宾语，所以词序就显得格外重要。要好好地斟酌题目中的每一个词语，处理好词之间的关系，如果词语间的修饰关系使用不当，易造成读者难以正确理解题目的正确含义。

SCI 论文题目不能用艺术加工过的文学语言，也不能用口号式的标题。题目中要用通俗化的英语词语表达，慎用缩略语，尤其是具有多种解释的缩略语，可以使用公用的缩略语。为方便二次检索，题目中避免使用化学式、公式、特殊数学符号、希腊字母、上角标、不常用的专业术语、特殊术语、非英语词汇。

题目不用下划线或斜体字，一般不用大写，每个词（介词、连接词、冠词除外）的第一个字母大写。一般不超过 10 – 12 个英文单词，或 100 个英文字符（含空格和字符），最好占一行。

题目应置于论文首页顶部。当题目较短时，题目居中书写；当题目较长时，题目开头空 4～5 格，如一行写不下，另起一行，比上一行缩进 2 格书写；如有副标题时，另起一行，比主标题目缩进 2 格加破折号书写副标题名。

4.6.3 SCI 论文题目的常见问题

确定论文题目应该注意避免以下常见问题：

（1）文题太大或太小。作为学术论文由于篇幅所限，所以 SCI 论文题目不宜太大，涉及的知识面不宜太广。相反，题目也不能过小，以至于难以体现它的学术价值和推广价值。

（2）用词表达不准确或不确切，造成词不达意，含糊其词。

（3）文题太长或太短。题目太长易导致不够醒目，长的题目常常不如短的题目意思清楚。过长的题目往往有多余的词，如"Studies on"、"Research on"、"Investigations on"、"Observations on"等。放在开头部分的冠词"A""An""The"有时也是多余的。

如果题目太短，致使作者研究的问题太宽泛，涉及具体对象缺少限定，这样的题目也不会引起作者的关注。因此，既要避免论文内涵小于文题，又要避免论文内涵大于文题。

（4）论文题目同科研项目、课题名称相同。

SCI 论文题目选择与确定要避免与申请课题的名称相同，因为二者是有区别的。论文主要是侧重于你的研究结果，要回答你发现了什么的问题；科研课题的名称主要是侧重于你的研究计划，要回答你将研究什么的问题。

（5）用 rapid、new 之类的非定量、含义不清的词。

(6) 一般性词汇多，专业词汇少。

4.7 怎样写 SCI 论文摘要

SCI 论文摘要是用简明扼要的语言概括全文的主要信息，可以视为全文的一个微缩版本。好的摘要要能让读者迅速而准确地获知全文的基本内容，从而决定是否阅读全文。

因此，摘要不仅方便读者收集文献，而且更便于审稿，便于二次文献著录。

摘要在结构上包括以下 4 部分内容：

(1) 存在问题，研究目的——要回答"What did you investigate and why?"

(2) 实验设计与方法——要回答"What did you do?"

(3) 最重要结果——要回答"What did you find out?"

(4) 主要结论——要回答"What did your results mean? So what?"

尽管 SCI 论文摘要包括 4 方面内容，但撰写摘要不分段，仅用一个自然段，字数 200～300 字。不同的 SCI 期刊对摘要字数要求也不一致，如 Science 期刊要求摘要 125 个字。论文摘要只用文字，不用图、表等注解，也不含文献，摘要自成短文。

摘要应该在写完全文之后再撰写。目前大多数 SCI 期刊提倡使用主动语态，Nature、Cell 等期刊普遍使用第一人称和主动语态表达方式，避免使用第三人称。

摘要的时态应视情况而定，一般当介绍背景资料或阐述研究目标时，句子内容是普遍事实，不受时间影响，应使用现在时。如果句子内容是概述某种研究趋势时，则使用现在完成时。概述实验过程、程序、方法和结果时，通常使用过去时。叙述结论或建议时，使用现在时。

撰写英文摘要，首先要善于从论文的引言、正文及结论中选择一些重要句子和短语，并将它们重新按逻辑顺序排列，作为摘要的基本素材。然后，对这些句子和短语进行修改、删减或增加词语，要做到摘要中的每一个字句都很有分量，以便使其达到准确、简洁、清楚、完整地表达论文的中心内容的目的。撰写及修改过程中，要注意捋顺句子之间先后、因果的逻辑关系，要上下连贯，前后呼应。这样才能保证摘要是一篇独立、完整的短文。

撰写 SCI 论文摘要,开头先用一两句话说明为什么要做这项研究,背景与目的。然后,用一两句话简述用什么方法或关键技术做了些什么研究内容。接着简述主要研究结果或发现(一两句话)和重要意义(一两句话)。最后,用一句话给出研究结论,强调研究结果的重要性、创新性及其意义。

应该注意,摘要中不宜包含过多的细节信息,摘要中绝不能出现论文中没有的信息和结论,摘要中不应该涉及未来研究计划或展望。

4.8 怎样写 EI 论文摘要

EI 检索论文更偏重于工程类高水平科技论文。由于东、西方文化的差异,中国学者在论文中受"谦虚谨慎,戒骄戒躁"传统思想的影响,不善于或不太敢突出自己的贡献。相反,西方学者在论文中总是明确指出自己研究成果的独到、创新之处及所作的贡献。审稿人和西方读者在看论文的时候,总是特别关注论文有何创新和独到之处,否则就不值得一读。因此,我国学者在写 EI 论文摘要中必须突出自己的研究成果的创新点和贡献。

EI 论文对摘要的要求基本上同 SCI 论文摘要,内容包括:目的(What I Want to do ?),过程与方法(How I did it ?),结果和结论(What Results did I get and What Conclusions can I draw ?)摘要的内容分为 4 方面:

(1)陈述论文所作研究工作的主要目的和范围。
(2)描述研究工作的主要内容及采用的方法。
(3)总结研究工作的研究结果。
(4)给出研究工作的主要结论。

一般 EI 论文摘要字数要求不超过 150 个英语单词,因此,摘要尽量用简洁的语言表达论文的新信息。尽量使用短句,使用主动语态。因摘要中涉及的都是已做过的工作,所以摘要中大部分内容都采用过去时态写作。

4.9 SCI 论文关键词

SCI 论文的关键词是反映论文主要内容的最重要的词、词组和短语,是摘要内容的浓缩。一般选用 3~6 个关键词。选择关键词来源于以下几个方面:

(1) 从题目中选。

(2) 从摘要中选。

(3) 从论文小标题中选。

(4) 从结论中选。

(5) 从全文中选。

应该注意,关键词不要全部来自题目,关键词之间不要重复,关键词必须存在于论文之中,不能选择论文之外的词语作为关键词。

虽然论文的题目、摘要和关键词都在正文前面,但是有经验的科技人员总是在写完正文之后再撰写题目、摘要和选择关键词。

4.10 怎样写 SCI 论文引言

4.10.1　SCI 论文引言的作用及内容

引言又称前言、绪论、引子、序言等,是论文的开场白,其作用是给阅读论文的读者提供足够的相关信息,让读者不必阅读该领域的文献就能理解论文的结果,并能对论文给出恰当的评价。引言的作用是向读者揭示论文的目的、主题和总纲,便于读者了解论文研究内容的来龙去脉。

引言包括以下内容:

(1) 为读者提供最重要的信息背景。

(2) 前人研究的经过、成果、现实情况及对存在问题的评价。

(3) 说明研究的原因、选题性质、范畴及重要性,突出目的和要解决的问题。

(4) 研究过程所用方法,研究工作的新发现和意义。

4.10.2　撰写引言的基本原则

写好引言要遵守以下基本原则:

(1) 引言要尽可能给出论文所研究问题的性质和范围。这是引言的重要内容,实质上是定义问题,要告诉读者为什么选择这个题材,为什么这个题材意义重大。

(2) 引言要简要回顾该领域相关文献的研究工作,便于读者理解论文的研究思路。

(3) 引言要明确指出研究方法及简要分析采用该方法的原因。

(4) 引言应陈述主要研究结果。

(5) 引言应指出有研究结果得出的主要结论。

从开头,第(1)条所提出问题到第(2)条的分析问题,到第(3)条的解决该问题方案,再到第(4)条的研究结果和第(5)条的结论内容是摘要的高潮部分。

应该指出,有一些研究领域的期刊作为例外,引言部分只要求前三项原则,不用涉及研究结果和结论。

4.10.3 撰写引言的基本要求

(1) 条理清晰,言简意赅。一般 SCI 论文引言要求在 450 字以内,分 2~4 个自然段。引言要以最精练的语言,表达研究课题的来龙去脉和研究结果。

(2) 尽可能清楚、准确介绍研究背景、研究问题性质及范围。引用文献和数据要准确,避免片面性。

(3) 要全面概括该领域的过去、现在的研究状况,尤其要引用近几年的文献以说明研究最新进展情况。引用文献要优先引用相关研究中的原始、重要和最具说服力的文献。引用文献不宜抄录原文,最好用自己的语言进行概括总结。

(4) 要以恰当的方式和简洁的语言强调在本次研究中的发现、创新和贡献,以便吸引读者阅读全文。

(5) 对涉及作者研究课题所定义的专门术语或缩写词,要加以解释,以便审稿人和读者阅读。

写引言应避免以下问题:

(1) 引言过于简单。

(2) 相关背景交代含糊。

(3) 所作出的结论留给读者悬念。

4.10.4 SCI 论文引言的时态和语态

叙述有关现象和普遍事实,常用现在时。描述特定研究领域中最近的某种趋势时,或强调最近发生的事件对现在的影响时,常采用现在完成时。阐述作者本人研究方法及结果的句子,多用过去时。阐述作者本人研究目的句子中,应用适当的词语表明作者现在的工作,而区别于其他学者过去的研究工作。适当地使用第一人称,如"We"或"Our"以突出作者本人的工作。

4.11 正文的表达与论证

4.11.1 正文写作的基本要求

学术论文的正文部分是论文的核心内容。如果把整篇论文看做一场精彩的演出,演出会的主题(论文题目)有了,序幕(论文引言)已经拉开,论文的正文内容就相当于演出的具体节目。

为了使论文能充分、完整、准确反映作者的研究成果水平和创新性,吸引审稿人和读者,在写好引言的基础上,对论文正文写作的基本要求如下:

(1)正文结构的完整性

正文中对提出问题、分析问题、解决问题、获得结果及结论的材料要科学合理的组织,形成正文结构的完整性,使各环节层次分明、环环相扣,具有连贯性。

(2)思维逻辑的连贯性

正文部分内容最能体现作者创新性思维的全过程,如何提出问题?如何解决问题的思想、方法?如何获得研究结果?如何得出结论?这一系列的思维过程都要在正文中体现出逻辑的连贯性。

(3)科学论证的严谨性

在构思好了正文的结构和理清了研究成果创新性思维的全过程之后,撰写正文的核心是要对取得的研究成果进行科学的论证。在论证过程中要保持科学论证的严谨性。

(4)研究成果可重复性

科学成果必须是可重复性的。这就要求作者对所获得结果的实验过程、仿真过程、推导过程等能够给出足够的细节信息,便于评审人分析你的结果的可信性、可靠性。同时,也便于同行对成果的重复性进行检验。

(5)内容表达的规范性

在正文的撰写中,虽然文字是 SCI 期刊论文的主要手段,但在描述变量关系、表达变化过程、实验数据及结果等方面,公式、图、表、照片等更直观,简单明了。因此,作者要善于将文字描述和式、图、表的表达巧妙地结合起来,使得正文部分表达自然贴切,浑然一体。

4.11.2 SCI正文中的图表要求

许多SCI期刊对插图和表格都有明确的要求,不同的期刊对插图和表格有不同的要求。下面简要介绍SCI正文中对图和表的基本要求。

(1) 插图

插图类型 SCI论文中插图有线形图(单线条线形图,多线条线形图)、条形图或直方图、饼形图或百分比图、散点图、结构图或流程图等。

插图特性 插图具有示意性,图中能够得出各量值的精确关系;内容的写实性;表达的规范性,图中的线型、符号、文字等应符合有关标准规定。同一论文中同一性质的插图表达上应相同。

插图要求 应具有自明性,补充而不是重复文字的描述。图要编序号并加图题,一篇论文中只有一个图也要编号,图题的表达要简明准确。插图要精心设计,使图面比例适当,清晰美观。

(2) 表格

表格结构 SCI期刊论文常使用3线表,即只有表格顶线、栏目线和底线,没有竖线。

表格要求 表要有序号和表题,表中的缩略语、符号必须与正文中一致。表中的参数应标明量和单位符号。一篇论文不是表越多越好,要精选。如果文字叙述与图、表相重复,应只保留一种最合适的表达方式。

图表编排 表在论文手稿中排在参考文献后面,每个表格一页;图注排在表格后面,另起一页;图排在图注后面,每个图一页。

(3) SCI论文图表设计常见错误

SCI论文图表设计常见错误表现在多个方面:图表内容和文字表达重复;表格中数值保留位数不一致;缩略语和量、单位不规范;表中数据排列不当;无表题或表题不确切或重点不突出;表注过繁;罗列不经过统计处理的原始数据;统计图表设计不规范;图表中的术语、符号、单位与文字叙述不一致;正文中缺少明确提及的图和表。

4.11.3 正文中的论证方法

学术论文无论是理论研究、技术创新,还是实验研究、观测发现等方面研究成果,都离不开论点、论据和论证 3 个基本要素。对它们的基本要求:一是论点要正确,经得起推敲;二是论据要典型、新鲜准确,论据可用事例、类比数据、统计数字、科学公理、定理等;三是论证要合乎逻辑。

论证是进行分析、议论、推论、证明论点的过程。论证是用论据说明论点的过程和方法,体现论点和论据之间的内在联系,符合客观事物的发展规律。论证有正面论证和反证两种方式。

论证要抓住要害,揭示本质。要用发展的观点一分为二地看问题;要有严密的逻辑,不要偷换概念,不能以偏概全,做到材料和观点的高度统一;驳论时要以理服人,做到有理、有据、有节。

论证方法有以下几种:

(1) 例证法

因为客观事实具有实体、属性、因果彼此相互作用的三种关系,所以自然科学论文中经常采用以客观存在事实为依据的论证方法,这种论证方法称为例证法。以事实来论证有四种形式。

实例证明　通过列举一个或几个事物之间的共同特性,或通过一般读者都能理解的实例,以求证论点的方法。论文中通过实验作为实例,选用数据、图表、照片等,也是实例证明。

实例因果证明　通过分析事实发生、发展到消亡的客观原因及结果的必然性来证明论点的方法。

实例比较证明　从正面实例和反面实例的两种对立的实例比较中来论证论点的方法。

引证证明　引用前人或他人论文或著作的言论来支持作者论文的论点,这种引证证明方法在学术论文中经常使用,但引用的文献或言论一定要来自该领域公认的、权威性的期刊或学术权威人士。

(2) 阐析法

通过对问题的阐述、分析来论证的方法,称为阐析法。这种方法通过对组成论点的判断中的各个概念都加以解释、分析清楚。科学研究中的许多新发现、发明往往是通过提出新的概念、新的命题形式得到的,所以学术论文中的论证都是以阐析概念为中心展开的。

(3) 归纳论证

通过对大量的个别事物或材料进行概括加工,归纳出共同的一般的结果,或规律的逻辑推理方法,称为归纳论证。

(4) 演绎论证

以一般事实或一般原理为论据,论证出个别事物,从而给出新结论的推理方法,称为演绎推理法。所谓"三段论推理法"就是演绎推理法,常用的有如下三种形式:

① 直言三段式推理法

大前提:凡是 A 都是 B;

小前提:C 是 A;

结论:所以 C 也是 B。

② 假言三段式推理法

大前提:如果 A 就是 B;

小前提:C 符合 A;

结论:所以 C 是 B。

③ 选言三段式推理法

大前提:或是 A,或是 B;

小前提:C 不是 A;

结论:C 必然是 B。

演绎推理法是以科学体系为基础的推理方法,它是以科学原理、定理、公理作为大前提(第一个命题),在给定第二个命题的条件下,经过演绎推理,就可推出第三个命题。

值得注意:一是大前提必须是正确、确切的;二是在整个推理过程中只允许出现三个概念;三是结论不能超出大前提规定的范围。

(5) 类比论证

通过对同类相似事物的比较来证明论点是正确的方法,称为类比推理法。它是根据两个对象的一些相同属性,推出其中一个对象的未知属性的逻辑推理方法。这是一种从个别到个别的推理方法,类比的两个事物相似的内容越多,推理的结论越可靠。

(6)反驳论证

反驳论证是证明对方在论证过程中论点和论据之间没有必然的逻辑关系，或者其逻辑关系是错误的，从而证明对方论点不能成立。

通过论据来论证论点成立的形式有：以实验数据、事实、资料为依据，论证论点成立；以理论分析为依据，论证论点成立；已基本定理为依据，论证论点成立；通过对比分析，论证论点成立。

在推理论证过程中，要注意不要以假设证明假设，以未知证明未知。

4.12 怎样写SCI论文结论

4.12.1 结论的内容

结论又称结语，或结束语。它是研究课题研究的总结，又是全文的归宿。

结论的内容包括以下两方面：

(1)结果要点。研究中有什么新发现,得出什么规律性的结论,解决或完善了什么理论,适用于什么范围,对前人有关本问题的结论、方法或技术做了哪些验证,哪些与研究结果一致,哪些不一致,做出了哪些修正、补充、发展或否定。

(2)理论意义或实用价值以及推广前景。

4.12.2 结论的写作要求

(1)概括准确,措辞严谨,准确、完整地概括论文创新的内容。

(2)简明具体、简短精练。应能提供明确、具体定性与定量的信息,不能用抽象、笼统的语言。

(3)综合分析,客观评价,浓缩精华。

应该注意,不要把前言、论述依据、研究目的等写进结论中,不要把摘要全搬到结论中,不要随便从论文中随便选几句话凑成一个结论。

(4)表达要恰如其分。结论一般用几句话来表达,有时分成几条来写,只用文字,不用图表。对于今后研究设想或建议一般不写入结论(也有SCI期刊要求写入)。

论文中一般不使用第一人称单数主格形式,而多采用第一人称复数主格形式。写他人成果用现在时或现在完成时,描述本人研究结果用过去时,普遍适用的结论用现在时。

4.13 参考文献引用和著录

不同的刊物,包括 SCI 期刊,不仅对参考文献录入格式的要求不完全一样,对引用参考文献的数量要求也不完全相同。下面介绍参考文献引用和著录的基本要求。

4.13.1 参考文献的作用

参考文献是指为撰写论文(或编辑论著)而引用的有关图书和期刊资料。原则上,除了教科书上公认的方程和表达式外,只要不是自己的工作,都要列出处,并完整给出相应的文献。即使是作者以前的工作,也要列出相应的文献。这样做既是对他人研究成果的肯定,免去剽窃之嫌,又能说明自己论述依据充分,也突出了自己在该研究中的独创内容。

4.13.2 参考文献的收录原则

(1)凡是列入的参考文献,作者都应详细读过,不能列入未曾阅读的文献。

(2)最好收入原始的、原创的文献和主要的文献,不要二次引用。包括该研究始创的文献,在此基础上做了重要工作的文献及贡献最大的文献。

(3)尽量不要遗漏重要的文献。

(4)收录已发表的文献,当引用自己已被接受但尚未发表的论文时,要注明"in press"。

(5)根据参考文献编排格式要求著录(按照投稿的刊物要求执行)。

4.14 附录

附录是对论文(包括 SCI 论文)某些部分的补充信息,但不是论文关键结果,也不是对正文理解的必要信息。可以包括结果的详细数据、图谱、图表等。作为对论文某些部分补充信息的附录,在 SCI 期刊很少使用。

第5章 怎样撰写科学技术报告

科学技术报告(下简称科技报告)是科技论文的一种,然而由于其种类繁多、专业性强,所以撰写难以形成统一的规范。本章以攻读学士、硕士、博士学位的学生常用到的开题报告、中期(进度)报告和博士后出站报告,以及科研人员常用到的科研工作报告、可行性报告和建议书、基金项目申请书(报告)、专利申请书等为例,阐述科技报告的结构形式、内容组织、结构机理描述、过程描述、语言表达等内容,以利于扩大科技人员的写作视野和提高撰写科技报告的水平。

5.1 科技报告

5.1.1 科技报告的特点

国家标准 GB 7713-87《科学技术报告、学位论文和学术论文编写格式》指出:科技报告是描述一项科学技术研究的结果或进展或一项技术研制试验和评价的结果;或是论述某项科学技术问题的现状和发展的文件。科技报告是为了呈送科学技术工作主管机构或科学基金会等组织或主持研究的人等。科技报告中一般应该提供系统的或按工作进程的充分信息,可以包括正反两方面的结果和经验,以便有关人员判断和评价,以及对报告中的结论和建议提出修正意见。

科技报告具有以下特点。

(1)种类繁多、涉及面广、数量巨大

科技报告几乎涉及整个科学、技术领域以及社会科学、行为科学和部分人文科学。全世界每年出版的科技报告数量达100万件以上。

(2)内容新颖、专业性强、深入具体

科技报告内容涉及尖端科学的最新研究成果,既有研究方案选择和比较,也有参考数据和图表、成功与失败的经验等。

（3）反映最新科技成果迅速

由于有专门出版机构和发行渠道，科研成果通过科技报告的形式发表通常比期刊早一年左右。若是技术发明专利从申请到公布会有更大的时间差。

（4）出版独特、格式多样、长短不一

每篇科技报告都有一个编号独立成册的单行本,同一系统或类型报告连续编号。多数报告不公开发行。一般无固定出版周期,报告页数多少不等。

5.1.2 科技报告与学术论文的异同

科技报告和学术论文虽然同属于记录科研过程、反映研究结果、传播科技信息的科技文件,但它们是有较大区别的,主要表现在以下几方面。

（1）目的不完全相同

学术论文是以发表、交流、传播研究成果为目的,科技报告是以记录、叙述、报告研究过程和结果为目的。

（2）侧重点不同

学术论文侧重于研究结果的学术价值,而科技报告侧重于科研项目的执行结果和进展情况。或者说,前者是用学术价值驱动的,而后者是用科研项目计划驱动的。

（3）写作形式不同

学术论文是突出研究结果的创新性,必须以论证方式来撰写,科技报告是强调科研项目或研究课题的研究过程、结果及进展情况,要以叙述方式来撰写。

（4）传播方式不同

学术论文是通过在期刊或学术会议上公开发表进行传播,一般不单独发行。而科技报告独立成册,一般不公开发行。

5.1.3 科技报告的结构及写作思路

科技报告的结构介于学位论文与学术论文之间,主要包括:题目、作者及单位、摘要、关键词、目录、引言、正文、结论、致谢、附录。根据不同的科技报告的特点,在结构上会有不同的要求。

科技报告一般从结构机理描述、过程描述和空间变换描述来构思报告内容和组织材料,下面分别简要介绍如下。

(1) 基于结构机理描述的写作思路

结构机理描述是指工程技术中对于包括两个或多个部件的系统,为完成某些任务或实现某些功能,它们之间相互作用、互相协作、共同发挥作用的有形器件的精确叙述,常采用图表、插图、照片等形象化语言来对结构机理进行描述。结构机理描述通常用于物理属性,对工作过程只进行简单叙述。功能性结构描述用于给出精确的技术指标信息。

(2) 基于过程描述的写作思路

过程描述是对事件随着时间展开会产生一定结果的精确叙述。机理描述侧重于描述机理的物理属性,而过程描述侧重于描述一个实际系统结构中,各部件是如何协同工作的过程,更多关注的是结构功能,较少关注该结构的物理属性。

因为对新科技成果介绍的科技报告大部分内容都涉及事件、器件等产生新功能的过程描述,所以科技报告中对过程的描述显得格外重要。

(3) 基于空间变换描述的写作思路

报告对象以空间位置变换顺序来组织材料的写作思路,适合于科研考察报告或科研调研报告,或者数学领域专门研究空间变换的研究报告。

应该指出,在实际写作科研报告时,仅采用一种描述方法是不够的,需要将它们结合使用,这样有利于提高科技报告内容表达的逻辑性、精确性、科学性和可读性。

5.2 科技报告的种类

5.2.1 科技报告的种类

科技报告也称科研报告。由科技报告的定义可以看出,它的内容是记叙科研工作、专题研究的结果或是某科技问题的进展,它的作用是向上级主管机构或组织报告用于评价或交流用的技术文件。因此,科技报告的内容涉及领域广,种类繁多,数量庞大,至今也难以对其确切分类。下面,将几种攻读学位的学生及科研人员和工程技术人员常用到的科技报告类型归纳如下。

(1) 攻读学位常用到的开题报告、中期(进度)报告和博士后出站报告。

(2) 科研人员常用的科研工作报告。

(3) 科技人员常用的可行性报告和建议书。

(4) 基金项目申请书(报告)、进展报告、结题报告。

(5) 专利申请书。

(6) 美国的四大科技报告。

攻读学位期间常用的开题报告、中期报告等也属科技报告,下面单独阐述。

5.2.2 攻读学位期间常用的科技报告

在攻读学位期间,学生常遇到要撰写的科技报告有下述几种。

本科生:毕业设计(论文)开题报告,毕业设计(论文)中期报告(可无)。

硕士生:硕士论文开题报告,硕士论文中期报告。

博士生:博士论文开题报告,博士论文中期报告。

博士后:博士后出站研究报告。

尽管上述攻读学位的层次不同,但可归纳为三类:开题报告,中期报告,出站报告。

(1) 开题报告

一般结构:封面(题目,院〈系〉,专业,学生/研究生,指导教师,开题日期);报告正文;参考文献。

开题报告正文应包括下列主要内容:课题来源及研究的目的和意义;国内外该领域的研究现状、进展情况及存在主要问题;主要研究内容;研究方案及进度安排,预期达到的目标(对于博士生要求:预期取得的创新性成果);预计研究过程中可能遇到的困难和问题,以及解决的措施。

在撰写开题报告之前,对于本科生、硕士生和博士生阅读主要参考文献篇数的要求分别为10篇、20篇、40篇以上,一般应包含外文文献。

开题报告的字数,本科生、硕士生和博士生分别为5 000字、10 000字、20 000字以上。

撰写开题报告,难点在于深入研读足够量的参考文献,掌握所研究课题的国内外研究现状、进展情况及存在的主要问题,明确研究目的和意义;重点在于组织好要研究的主要内容,设计好开展这些研究内容的具体方案及进度安排。

(2) 中期报告

本科毕业设计(论文)中期报告及硕士论文中期报告,实际上都属于进度报告。目的是检查和督促学生按期按量按质完成设计或研究任务。

本科毕业设计(论文)中期报告内容包括:论文工作是否按开题报告预定的内容及进度安排进行的;目前已完成的研究工作及结果;后期拟完成的研究工作及进度安排;存在的困难和问题;如期完成全部论文工作的可能性;主要参考文献。

硕士论文中期报告的内容包括:开题报告中主要研究内容及其研究进展情况;已完成的研究工作及取得的研究结果,包括理论推导、建立模型、方案设计、软件设计、硬件线路设计、实验设计、实验或仿真研究获得的数据、曲线图等;对结果的分析、讨论;对后期研究工作的具体安排;主要参考文献。

撰写中期报告应该注意:必须将作者的研究工作及结果和他人的区分开来,对引用他人的成果必须标注参考文献;对报告中的公式、图、表都要编序号,并在图表序号后面加图题、表题,表头,表题一般置于表上,图题置于图下。

(3) 博士后人员出站报告

已获得博士学位的研究生,为了进一步深入进行专业研究或从事交叉性研究工作,可通过申请进入某博士后流动站作为博士后人员,在合作导师的指导下继续从事科研工作。在完成预期的研究工作后,需要提交一份"博士后人员出站研究报告",通过答辩的形式进行审查,是否可以出站。

博士后人员出站研究报告目前没有统一的格式,基本上由博士后流动站的主管单位自行制定。现有的出站报告基本上是套用了博士论文的结构形式进行撰写,只是封面名称等有别。

撰写出站报告的内容包括:封面(工学博士后出站报告,题目,博士姓名,合作导师,学科,所在单位,出站日期),摘要,目录,正文,参考文献,致谢,在站研究期间发表的学术论文及其他成果,附录。

正文内容包括进站后所开展的研究工作背景、目的和意义、研究内容、研究方案、研究方法、研究结果、创新性成果、结论。

5.2.3 科学调查(考察)报告与科研总结报告

科技工作者比较常用的科技报告有科学调查(考察)报告、科研项目可行性论证报告、科研成果总结报告、科研工作总结报告、科学实验(试验)报告、专题研究综述报告、科技研究建议报告等。

(1) 科学调查(考察)报告

"没有调查就没有发言权","知此知彼,百战不殆"。显然,科学考察是开展某项研究工作的前提。调查或考察目的都是对未知或知之甚少的新科技领域进行探索或探究。调查侧重于了解情况和掌握动态,而考察着重于启发思路并规划未来。调查或考察后,需将将调查或考察的过程(时间、地点)、内容、获取信息等方面如实地用文字和必要的数据、图表、照片等撰写出科学调查(考察)报告,供上级领导和同行使用或调查(考察)人员使用。

(2) 科研工作(成果)总结报告

开展一项研究工作完成之后,都要撰写一份科研工作总结报告,总结的目的:一是总结报告本身就是科研工作的一个组成部分;二是用于主管机构(部门)对研究工作评价;三是作为技术文件留存。

撰写总结报告要求客观、全面、准确地反映研究的过程、内容、方法、结果,对成果不能夸大,也不能贬低。对于存在的问题,甚至于失败,也要深入分析原因,以便于他人少走弯路。

(3) 科学实验(试验、观测)报告

科学实验(试验、观测)是进行科学研究的重要手段,有些新思想、新技术、新发明、新理论等往往都源于科学实验、科学试验和科学观测。将这些实验、试验或观测的仪器、设备、过程、结果、分析等内容用文字和必要的数据、图表、照片等撰写出科学实验(试验、观测)报告,可供上级领导决策以及同行研究参考。

撰写科学实验(试验、观测)报告要求客观、准确地反映全过程,对原始数据不能修改,更不能篡改。对于实验(试验、观测)结果与理论存在不一致问题,甚至矛盾的问题,要深入分析其原因,不要轻易否定实验(试验、观测)结果。历史上,有些新理论往往就是在这种情况下诞生的。

5.2.4 科研项目的可行性评估报告和建议书

在科技写作中,可行性报告和建议书是确定和评估对某项科学、技术、工程项目问题解决方案客观的技术文件。这里所说的可行性报告是指与某项合同双方无利害关系的第三方所提交的评估报告,不同于项目申请者在申请书中所提出的方案论证。

可行性评估报告和建议书具有相似性,但二者还是有一定差异的。可行性评估报告要确定采用特定方法解决某个问题是否可行,或在什么程度上是可行的。而建议书是在多个解决问题的方案中,给出其中最可行的一种方案的建议。在本质上,可行性报告和建议书都是在客观上评估解决方案的可行性。

(1) 可行性评估报告和建议书内容的基本要素

可行性评估报告和建议书的内容包括以下 5 个要素:

① 定义要解决的问题。

② 确定一个或多个解决方案。

③ 规定一组客观评价备选方案的标准。

④ 对于每个衡量标准收集并解释与备选方案的有关数据。

⑤ 根据你的解释就备选方案得出结论和作出建议。

(2) 可行性评估报告的结构组成及撰写方法

可行性报告的结构组成及其撰写要点如下。

引言　说明撰写报告的目,叙述要解决的问题,依次列出评价标准,叙述报告要讨论的解决方案。

讨论　对所选用的各项评价标准分别加以讨论,内容包括具体给出该标准,说明为什么选择和如何使用该标准,并给出针对该标准的调研结果的数据。

结论　归纳数据和进行解释,在此基础上给出结论,作出接受或拒绝该解决方案的建议,给出提供报告的联系方式。

文档　列出撰写报告所使用的信息来源和参考文献。

附录　包括进一步获得信息的有关资料,不包括用于理解该报告的材料。

(3) 建议书的结构组成及撰写方法

建议书的结构组成及其撰写要点如下。

引言　说明撰写报告的目的,叙述要解决的问题,依次列出评价标准,叙述报告要讨论的多个解决方案。

讨论　对所选用的各项评价标准,分别对每一项方案加以讨论。内容包括具体给出每一项评价标准,说明为什么选择和如何使用该标准,并提供针对该标准用于评价每一解决方案的调研结果的数据。还要针对每一个解决方案,对每一项评价标准作出解释。

结论　归纳数据和进行解释,在此基础上给出结论。根据上述结论,作出接受最优解决方案的建议,给出提供报告的联系方式。

文档　列写出撰写报告使用的信息来源和参考文献。

附录　包括进一步获得信息的有关资料,不包括用于理解该报告的材料。

5.2.5　基金项目申请书(报告)的撰写

这里以国家自然科学基金项目为例,说明基金项目申请书(报告)的组成部分、撰写要求及撰写提纲。

国家自然科学基金项目申请书内容包括以下几个部分:

(1)前置部分

包括:基本信息表(申请人信息、依托单位信息、合作单位信息、项目基本信息、中文关键词、英文关键词、中文摘要、英文摘要);项目主要参与者;经费申请表(研究经费、国际合作与交流费、劳务费、管理费)。

(2)报告正文部分

撰写报告正文的要求如下:

① 首先选定"项目基本信息"中的"资助类别",然后再写报告正文。

② 在撰写过程中不得涂改已生成的撰写提纲(如果误删可点击"查看报告正文撰写提纲"按钮,通过"复制/粘贴"恢复)。

③ 将每部分内容填写在提纲下留出的空白处。

④ 对正文中出现的各类图形、图表、公式、化学分子等请先转换成JPG格式图片,再贴到申请书正文相应的位置。

上述作为申请书正文撰写是否规范的评判依据。

正文的撰写提纲如下:

(1)立项依据与研究内容

① 项目的立项依据(研究意义、国内外研究现状及发展动态分析,需结合科学研究发展趋势来论述科学意义,或结合国民经济或社会发展中迫切需要解决的关键科技问题来论述其应用前景。附主要参考文献目录)。

② 项目的研究内容、研究目标及拟解决的关键问题(此部分为重点阐述内容)。

③ 拟采取的研究方案及可行性分析(包括研究方法、技术路线、实验手段、

关键技术等说明)。

④ 本项目的特色与创新之处。

⑤ 年度研究计划及预期研究结果(包括拟组织的重要学术交流活动、国际合作与交流计划)。

(2) 研究工作基础与条件

① 工作基础(与本项目相关的研究工作积累和已取得的研究工作成绩)。

② 工作条件。

③ 承担科研项目情况。

④ 完成自然科学基金项目情况。

(3) 申请人和项目组主要参与者简介(在读研究生除外)。

(4) 经费申请说明。

(5) 其他需要说明的问题。

(6) 附件清单。

5.2.6 基金项目进展报告、结题报告的撰写

(1) 基金项目进展报告撰写要点

① 年度计划要点和调整情况。简要说明是否按计划进行,哪些研究内容根据国内外研究发展状况及项目进展情况做了必要的调整和变动,哪些研究内容未按计划进行,原因何在。

② 研究工作进展和阶段性成果。本部分是进展报告的重要部分,应分层次叙述所开展的研究工作、取得的进展或碰到的具体问题等,给出必要的数据、图表。根据实际情况提供国内外有关研究动态的对比分析及必要的参考文献。本部分亦包括国内外合作与学术交流、研究生培养情况等。

③ 下一年度工作计划。包括国内外合作与交流计划。如要求对原研究内容和主要成员做重要调整,需明确要求调整的内容,并说明理由、必要性以及对项目实施的影响。

④ 当年经费使用情况与下一年经费预算。给出必要的经费使用情况说明,逐项列出固定资产超过5万元的设备名称、使用情况的说明。

⑤ 存在问题、建议及其他需要说明的情况。说明项目执行中的问题和建议。对部分探索性的研究,有可能为获得理想结果而失败,请如实反映,说明原

因、工作状况、发展态势和建议等,供基金委管理人员或同行专家参考。

⑥ 附件。给出标注基金资助的已发表和已有录用通知的论文目录、其他成果清单和必要的证明材料复印件等。发表论文按常规文献引用方式列出。

(2)基金项目结题报告撰写要点

① 研究计划要点及执行情况概述。

② 研究工作主要进展和所取得的成果。

③ 国际学术交流与人才培养情况。

④ 存在的问题及建议。

5.2.7 专利申请书(请求书)的撰写

专利请求书是专利申请中的重要技术文件,它是申请人向专利局请求专利确认和保护的书面报告。专利请求书是由专利局按照专利法有关规定制定的表格,由申请者填写。

(1)专利请求书的项目组成

发明名称 这是请求书的主体项目。发明名称表示发明创造的具体内容,应力求简练明确,以不超过15个汉字为宜。发明名称中不使用化学式,甚用评价性的形容词,避免使用广告、宣传性词汇,避免与已获得的专利名称相同。

发明人姓名和地址 发明人必须是个人,要填写真实姓名,不能使用他人姓名、假名或笔名。

申请人 申请人可以是个人,也可以是单位。个人填写真实姓名,单位填写单位的全称,不能使用简称。

代理人、代表人 代理人必须是专利局考核批准,正式承认,并在某一专利代理机构的专业工作者。

申请文件清单 包括请求书、说明书、权利要求书、说明书附图、说明书摘要。

附加文件清单 包括代理人委托书、要求优先权声明书、优先权证明材料等。

申请人或代理人签章 要求申请人或代理人本人亲自签章。

(2)专利请求书、说明书及摘要撰写要求

发明专利是指对一种从创造活动中产生的对现有技术问题的崭新解决方

案所授予的专利。因此,需要填写发明专利申请书、说明书及其摘要和权利要求书等文件,申请文件一式两份,申请书必须使用中文填写。

说明书应当对发明或者实用新型作出清楚、完整的说明,以所属技术领域的技术人员能够实现为准,必要时应加附图。

摘要应当简要说明发明或实用新型的技术要点。权利要求书应当以说明书为依据,说明要求专利保护的范围。

申请实用新型专利也应提交请求书、说明书及其摘要和权利要求书等文件。应当注意,一件发明或者实用新型专利申请限于一项发明或者实用新型。

5.3 美国四大科技报告

在世界众多的科技报告中,美国政府的科技报告不仅多,而且比较系统。下面简要介绍美国的四大科技报告。

PB 报告 1945 年源于美国商务部出版局(PB),1970 年由美国商务部国家技术情报服务处(NTIS)管理。PB 报告依次编号,资料来源于美国各研究机构的技术报告,内容侧重于民用工程和生物医学方向。

AD 报告 由美国武装部队技术情报局(ASTIA)负责美国军事系统科技情报资料收集,大部分是国防部委托所完成的研究成果的记录,内容涉及军事及许多技术领域。

NASA 报告 由美国国家航空和宇航局出版的报告,资料来源于美国国家宇航局的各研究中心等机构,内容侧重航空和宇航技术及许多基础学科、技术学科。

DOE 报告 由美国能源部(DOE)出版的报告,资料来源于能源部的研究机构等单位,内容主要是原子能及其应用,也涉及其他各学科。

第6章 科技论文写作的系统科学和思维科学及科学方法论基础

■ 早在20世纪80年代，著名科学家钱学森就倡导科技工作者学习系统科学、思维科学和科学方法论。实际上，我们的一切工作，包括科研工作、撰写论文都离不开系统科学。科学创新离不开创新思维，分析、解决实际问题，必须采用辩证的科学方法论。显然，科学研究和撰写科技论文与系统科学、思维科学、科学方法论息息相关。本章介绍系统科学、思维科学、科学方法论的基本概念、原理，以及怎样应用它们指导撰写科技论文。

6.1 系统科学基础

6.1.1 系统科学思想的产生与发展

古代人们在生产、生活和社会实践活动中，逐渐形成了把自然界当做统一体的思想。中国古代医学"天人合一"的思想，古希腊哲学家的"世界是包括一切的整体"，当代中国的"和谐社会"、"人与自然的和谐"，这些思想都饱含着朴素的系统思想。

十六七世纪，近代科学包括力学、天文、物理、化学、生物等学科的创立，确立了机械自然观和科学方法论。

18世纪，英国的技术革命，法国的大革命，都推动了科学和技术的结合。

19世纪，能量守恒、细胞学说和进化论的三大发现，促进自然科学取得了许多成就。钱学森指出，19世纪自然科学本质上是"整理材料的科学，是关于过程、关于这些事物的发生发展以及关于联系——把这些自然过程结合为一个大的整体的科学。"

20世纪,现代科学在计算机、航天、信息、生物、材料等领域取得的辉煌成就,促进了系统科学的进一步发展。

普朗克指出:"科学是内在的整体,它被分解为单独的部分。不是取决于事物的本身,而是取决于人类认识能力的局限性,实际上存在着由物理到化学,通过生物学和人类学,再到社会学的连续链条,这是任何一处都不能被切断的链条。"

21世纪,关于复杂系统的研究已成为系统科学发展的前沿领域。

6.1.2 系统科学发展的三个阶段

第一阶段　20世纪40~60年代,创立的老三论"系统论、控制论、信息论"属于线性系统理论,属于线性科学的范畴。

第二阶段　20世纪70年代,诞生的新三论"耗散结构论、协同学、突变论"形成了非线性科学。非线性科学主要包括以下理论:

(1)耗散结构论

1969年比利时自由大学化学家普利高津创立了耗散结构论,1977年获得了诺贝尔奖。

(2)协同学

1969年德国斯图加特大学理论物理学家哈肯创立了协同学理论,1976年获英国物理科学院及联邦德国物理学奖,1981年获美国富兰克林研究院奖。

(3)突变论

1972年法国数学家托姆创立了突变理论,1958年获得了菲尔兹奖。

(4)混沌学

早在1904年,法国数学家庞加莱提出了混沌存在的可能性。1963年,美国气象学家洛伦兹发现混沌现象。1975年,美国约克和李天岩提出混沌一词。1978年美国费根保姆发现混沌的两个普适常数,为混沌学研究作出了重要贡献,因而荣获了计算机领域最高奖——图灵奖。

(5)分形理论

1973年,美国IBM公司数学家芒德布罗特提出了分形理论,主要研究不规则的几何图形问题。

此外,非线性科学还包括超循环理论、孤子理论等。

第三阶段 20 世纪 80 年代开始了复杂系统理论、复杂性研究。由物理学家盖尔曼、安德森、经济学家阿罗三位诺贝尔奖得主发起的美国圣菲研究所,集中了一批不同领域不同学科的科学家专门从事跨学科、跨领域的复杂系统、复杂性研究。通过对社会系统、经济系统、生命系统、免疫系统、生态系统及人脑等复杂性研究,他们认为事物的复杂性是从简单性发展起来的,是适应环境过程中产生的。以霍兰为代表创立了复杂适应系统理论,并得出重要结论——适应性造就了复杂性。霍兰为研究和开创复杂系统理论作出了重要贡献。

6.1.3 系统科学的定义、分类及研究进展

系统科学是以系统为研究和应用对象的一门科学。系统是由相互联系、相互作用的要素(部分)组成的具有一定结构和功能的有机整体。

系统科学是以系统为研究对象的基础理论和应用开发的学科组成的学科群。它着重考察各类系统的关系和属性,揭示其活动规律,探讨有关系统的各种理论和方法。系统科学的理论和方法正在从自然科学和工程技术向社会科学广泛转移。人们将系统科学与哲学相互作用,探讨系统科学的哲学问题,形成了系统哲学。

系统科学是以系统思想为中心、综合多门学科的内容而形成的一个新的综合性科学门类。系统科学按其发展和现状,可分为狭义和广义两种。

狭义的系统科学一般是指贝塔朗菲著作《一般系统论:基础、发展和应用》中所提出的将"系统"的科学、数学系统论、系统技术、系统哲学多方面归纳而成的学科体系。

广义的系统科学包括系统论、信息论、控制论、耗散结构论、协同学、突变论、运筹学、模糊数学、物元分析、泛系方法论、系统动力学、灰色系统论、系统工程学、计算机科学、人工智能学、知识工程学、传播学等一大批学科在内,是 20 世纪中叶以来发展最快的大学科群的综合性科学。

20 世纪 60 年代,美国将《系统工程》杂志改为《系统科学》。中国在系统科学领域的杂志则有《系统科学与数学》、《系统工程的理论和实践》、《系统工程学报》、《系统工程》、《复杂性与复杂性科学》等。

系统科学的发展和成熟,对人类的思维观念和思想方法产生了根本性的影响,使之发生了根本性的变革。系统科学的理论和方法已经广泛地渗透到自然

科学和社会科学的各个领域。系统思想正在对科学的发展和社会的进步产生着深远的影响。

6.1.4 系统科学的基本概念

(1) 系统的定义

由若干个单元(部分、组分等)构成,它们之间相互作用、相互影响、相互制约、相互协作,具有一定结构和整体功能的有机体称为系统。著名科学家钱学森把系统定义为相互作用和相互依赖的若干组成部分结合成的具有特定功能的有机体。

系统有3要素:多元性;相关性(线性系统)、相干性(非线性系统);整体功能性。

(2) 结构

组成系统各部分相关联方式的总和称结构。不同的关联构成不同的系统结构,影响系统的功能。

静态结构:静止过程中各组分之间的基本连接形式。

动态结构:运行过程中各组分之间体现出的关联形式。

时间结构:系统组分依赖于时间流程所体现出的关联方式。

空间结构:系统组分依赖于空间分布所体现出的关联方式。

时空结构:系统组分既依赖于时间又赖于空间分布的关联方式。

(3) 层次

层次是系统中复杂程度的反应,系统越复杂层次就越多。复杂系统必须通过划分层次,由低级到高级逐级进行组织整合才能完成整体功能。

(4) 行为与功能

一切在它所处环境作用下所表现出的系统自身特性的任何变化,称为系统行为。

系统对环境产生的持续作用,称为系统的功能。

(5) 环境

系统之外一切与其相关联的(有影响的)事物总和,称为环境。系统与环境关系分三种:

① 开放系统:指和环境有能量、物质交换的系统。

② 封闭系统:和环境只有能量交换的系统。
③ 孤立系统:不受外界影响的系统。

(6) 系统的演化与进化

系统的结构、状态、特性、行为、功能随时间的变化过程称为演化。演化方式由低级到高级,由简单到复杂的过程,称为进化。

(7) 系统的分类

①按大小分:小系统、大系统、巨系统。
②按层次分:简单系统、复杂系统。
③按输入输出特性分:线性系统、非线性系统、复杂性系统。

普里高津指出:"当代科学正迅速发展,一方面是人对物理世界的认识,在广度和深度上扩大;另一方面是由于研究越来越复杂的对象,引起科学观念和研究方法上质的变化,这后一方面可能更为重要。"非线性科学与复杂性科学的研究使人们对传统线性科学观念上的变化,且引起科学研究方法上的变化。这些新的研究方法不仅用于指导科学研究,而且也可用于指导科技写作。

6.1.5 科技论文中系统科学思想的具体表现

对学位论文、学术论文评价中,要求论文"结构严谨,系统性好,层次分明",这些评价中的"结构、系统、层次"术语都来自系统科学的基本概念。

(1) 结构性

论文的宏观结构把论文划分为章,论文的微观结构把每一章再划分为节、小节。划分应从低到高,从简单到复杂,前后呼应。这种划分是否得当正体现出结构是否合理。

在学位论文中常出现这样的问题:结构松散,甚至不稳定,就像一栋设计不合理的建筑一样。可见,设计科技论文的结论是至关重要的。

(2) 系统性

论文的系统性主要指各个部分内容构成有机整体表现主题的特性:文扣题,题要扣文,各个章节相互关联、相互影响、相互作用、相互制约、前后呼应,而不是松散,形成不了一篇论文或完整科技论文。松散的原因在于各部分材料组织不合理,相互之间没有形成很好的关联,缺少过渡和必要的呼应。因此,**系统性不好**。

(3) 层次性

通过层次表明论文各部分内容之间由简单形成复杂的关系。层次性在论文中体现在章、节的划分上。每节中再细划分为小节,由大到小,由高到低,自然形成分明的层次。

(4) 结构、层次、系统的相关性

①材料要组织,通过层次关系形成大的章节结构。在节中,段落之间都有体现微观层次和结构的问题。

②从题目看,词之间相互作用形成具有逻辑严密的结构,正如所说,题名是以最恰当、最简明的词语反映论文中最主要的特定内容的逻辑组合。

③从摘要 4 要素看,目的→方法→结果→结论,这样也形成了层次结构。

④从关键词看,几个关键词之间相关性和包含性也体现了系统的概念。

⑤从正文看,对所包含的基础理论(理论基础、建模等)、技术科学(软件设计、系统设计、硬件设计、工程应用)和研究成果等材料的组织处理过程体现出系统的思想。

正文中的图表要求具有自明性,也体现了图、表中各组成部分组成系统具有整体功能性。

⑥全文内容要自成系统有以下两种含义:

一是全文自我封闭系统,不需要看其他文献,只要具备相应、相当的基础,完全可以看明白该论文内容。

二是全文借助主要文献形成开放系统。

6.1.6 怎样用系统科学思想指导科技论文写作

一篇好的科技论文,尤其是高水平学术论文,应该具有如下特点:研究成果具有创新性,结构严谨,层次分明,内容表达准确规范,论据充分,论证严密。专业人员读一篇这样好的科技论文,会感到新鲜、流畅、舒服、受益,给人以美的享受。之所以会有这样的感觉,是因为会觉得论文撰写得完美,挑不出毛病,能感染人,给人以启迪。犹如见到一个长得匀称、漂亮、有才、健康的美男子一样的感觉。这里之所以把一篇好的论文比作一个完美的人,是出于对二者之间做如下的类比。

从系统的角度看,一篇好的论文是因为组成它的各个部分都写得好、各部分间结合得好,整体就会感到更好;一个完美的人是因为他不仅长得好、健美,而且还有才、有气质,整体上就会感到这个人真好。

见到一个人,第一印象先是他的眼睛、脸,然后是体型、高矮、胖瘦等。通过进一步交谈,才能逐渐了解他的健康状况、专业学识、素质能力等情况。

读一篇论文,第一印象是它的题目,若能吸引你,会看摘要、关键词,接着看引言、结果,感觉不错就会看正文、全文。从而,会体会到作者的理论基础、专业素质、科研能力、写作水平等。

不妨将一篇论文和人体系统做类比,论文题目类似于人的眼睛,摘要类似于人的脸面,关键词类似于人的五官,引言类似于人的颈部,正文类似于人的躯体,结论类似于下肢,参考文献类似于手指脚趾。

从上述类比不难看出,要想撰写一篇好的学术论文,必须首先设计写好论文题目,组织好论文的结构,确定好各节标题,写好引言,撰写好正文,论证好成果的创新性,总结好结论,著录好参考文献,最后再下工夫写好摘要。只有把论文的各个组成部分都写好,并处理好它们之间的连接、过渡和呼应关系,才能使它成为一篇系统性好、高质量的学术论文。

应该指出,新的研究成果及其创新性,是学术论文的灵魂。如果没有创新性的研究成果,再好的结构和表达形式也不可能撰写出高水平的学术论文,就好像一个完美的人没有灵魂一样。

6.2 思维科学基础

6.2.1 思维科学及其重要性

思维科学是研究人们认识客观世界的思维规律和思维方法的科学。钱学森曾指出,思维科学只研究思维的规律和形式,不研究思维的内容,内容是其他科学技术部门的事。思维科学的基础是研究人有意识的思维规律的科学,可以称之为思维学。

国外将思维科学称为认知科学,主要研究人们思维从未知到认知的过程和规律。撰写学术论文的过程是对科研工作中创造性思维过程再认识的过程。因此,撰写论文要遵循思维的规律,要由简单到复杂,由具体到抽象,要合乎思维的逻辑规律。所以掌握思维科学的基本概念、基本原理,对于本科生、研究生、博士生和科技人员无论是从事科学研究,还是撰写科技论文都是至关重要的。

根据科学研究对象的不同,科学可以分为三大类:自然科学,社会科学,思维科学。自然科学侧重于对自然现象、物质世界、空间环境、生物生命等问题的研究;社会科学侧重于对社会组织、生产力、生产关系、经济规律、国家机关、国家机器等方面的研究;思维科学侧重于研究人类大脑思维的规律和方法。

众所周知,我们的一切工作都离不开思维,要想做好工作,尤其是科研工作,必须要有正确的思维方法。自觉地遵循思维的基本规律,才有助于取得科研成果,甚至获得更大的科学成就,在这方面,著名科学家钱学森为我们树立了光辉的榜样。

6.2.2 思维的含义及其特征

关于思维的定义,心理学家有不同的见解。西方心理学偏重于思维过程本身,我国心理学界偏重于思维区别于其他认知过程的特点。

思维是对客观事物间接的概括的反映,它反映的是事物的本质属性和事物之间的规律性的联系。所谓本质属性指一类事物所特有的属性,而规律性的联系就是必然联系。

思维是人类认知活动的最高级形式。因为思维不仅具备对客观事物、信息等的感知、直觉和记忆等低级认知功能,而且还能具备低级认知所不能完成的概括规律、推断未知的功能。

思维具有如下6个特征:

(1) 思维的概括性

思维的概括性是指思维反映了事物之间的必然联系,可以把同类事物的共同特征和本质特征抽取出来,然后加以推广。思维的概括性有助于人们认识到事物内外部必然的相互联系和一般规律。

(2) 思维的间接性

思维的间接性,指通过思维过程人们可以根据已知信息推断出没有直接观察到的事物。也就是根据已有的事物间的必然联系,人们可以通过已知来推断未知。

(3)思维的逻辑性

思维的逻辑性是指人类思维总是按照一定的形式、方法和规则进行的,人类思维的逻辑性是区别动物思维的重要标志。

(4)思维的层次性

人的智力是有高低之分的,而思维能力的高低集中反映出智力的水平。因此,通过思维的敏捷性、灵活性、深刻性、批判性和创造性等品质,体现出思维的层次性。

(5)思维的目的性

思维是为了解决问题、深入认识客观规律,进而改造世界。就是说,思维总是和解决问题、完成某项任务相联系,这就是思维的目的性。

(6)思维的能动性

思维的能动性是指人类自身不仅能够深刻地认识世界,而且还可以能动地改造世界,能够创造出思想产品。这种产品包括调查报告、工程设计、科学实验、技术发明、科技论文、文学创作等。

6.2.3 思维的类型

思维的类型包括抽象思维、形象思维和灵感思维3种类型。

(1)抽象思维

抽象思维是指以抽象概念为媒介的思维形式,它是人类思维的主要形态。抽象思维又称为逻辑思维。

抽象思维学又称为逻辑学,逻辑学又分为形式逻辑和辩证逻辑两大类。形式逻辑是研究人们思维形式的结构及思维基本规律的科学,而辩证逻辑是关于思维运动的辩证规律的理论。

虽然形式逻辑和辩证逻辑都是研究思维形式,但是它们是从不同角度出发的。首先,形式逻辑从抽象同一性角度研究思维形式,即把思维形式看做既成的相对稳定的范畴;辩证逻辑从具体同一性角度研究思维形式,即把思维形式看做对立统一、矛盾运动和转化的范畴。其次,形式逻辑的基本规律是同一律、矛盾律和排中律,它们虽有客观基础,但不是事物本质的规律;辩证逻辑的基本规律是对立统一、质量互变、否定之否定等规律,它们是客观事物本身的规律。

数理逻辑又称符号逻辑,它源于形式逻辑,现已成为独立学科。数理逻辑使用数学方法,即使用符号表示逻辑,研究推理、证明等问题。在形式化方面数理逻辑比形式逻辑更丰富、更发展。

(2) 形象思维

① 形象思维及其特点。形象思维又称直觉思维,简单地说,形象思维是凭借形象的思维。这种思维活动通过形象来思考和表述,主要手段是图形、表示动态行为的曲线等形象材料。形象思维表述事物直观、生动、鲜明。形象思维过程主要表现为类比、联想、想象。

人的感觉器官接触到外界事物,通过大脑产生感觉,不同的感觉(视觉、听觉等)相互联系,经过综合以后形成知觉。知觉在脑中形成外界事物的感性形象,叫做映象,或称通过感性认识获得的表象。用表象进行的思维活动叫做形象思维,又称直觉思维。

感觉、知觉是对当前事物的直接反映,是认识事物的初级阶段。表象是通过回想或联想在头脑中呈现的过去感知过的事物的形象,是对过去感知过的形象的再现。

概括地说,形象思维是在实践活动和感性经验基础上,以观念性形象即表象为形式,借助各种图式语言或符号语言为工具,以在经验中积累起来的形象知识为中介反映事物本质和联系的过程。

② 形象思维的规律。形象思维的规律包括转换关联律和模式补形律。

转换关联律 在形象思维过程中,人们把事物的表象以及表象过程的信息转化成事物的状态信息,即通过表象反映事物的内在性质、内部变化和关系,必须事先在实践活动中建立起表象信息和状态信息的关联系统。由于形象思维最基本的过程是形象信息与状态信息转换的过程,所以转换关联是形象思维的一条基本定律。

模式补形律 模式补形律是利用观念性的形象模式对事物或事物过程的表象进行整合补形,从而推出事物的补形或全形的规律。所谓观念性的形象模式,是指事物或事物过程的概括表象,是在长期实践过程中逐渐形成的。它是对事物或事物过程的丰富形象特征进行分析、选择、概括、定型的结果,是形象思维中进行模式补形的内在根据。所谓整合补形是对事物不完整的、片面的表象进行加工、整理,同时补出缺少部分形象或补出事物完整形象的过程,它是一种形象思维的推理形式。

模式补形最主要的环节是建立事物的表象模式。在工程设计中，工程师把物体的形象抽象出来加以规范，采用简洁的线条表现出来，从而为施工人员提供了一个表象模式；在科学研究中，科学工作者对所研究的对象进行系统的研究，科学地确定每种对象的形象特征，于是就形成对象的表象模式。在科技论文写作中反复修改、整合等也是把缺少联系和逻辑之处进行补形的过程。通过表象模式对事物不完整的形象进行整合补形是人类特有的一种形象思维能力，模式补形律是形象思维的一个普遍规律。

③ 形象思维的主要形式。形象思维的过程主要表现为类比、联想和想象。

类比是通过两个不同对象进行比较的方法进行推理，而重要的一环就是要找到合适的类比对象，这就要运用想象。类比方法在维纳控制论的形成和创立过程中起到关键的作用，正是采用类比沟通了机器、生命体和社会等性质不同的系统，找到了它们的相似性，为功能模拟方法的运用提供了逻辑基础。

联想是一种把工程技术领域里的某个现象与其他领域里的事物联系起来加以思考的方法。联想能够克服两个概念在意义上的差距把它们联系起来，联想的生理和心理机制是暂时的神经联系，也就是神经元模型之间的暂时联想。纳维就是利用类比和联想的方法，考究反馈在各种不同系统（从人的神经系统到技术领域）的表现，为控制论的形成奠定了基础。

想象是对头脑中已有的表象进行加工改造而创造新形象的思维过程。因此，它可以说是一种创造性的形象思维。想象不是直接感知过的事物的简单再现，而是对已有的表象进行加工改组形成新形象的过程。想象对新知识的探索和科学发现具有重要作用。爱因斯坦曾说："想象力比知识更重要，因为知识是有限的，而想象力概括着世界上的一切，推动着进步，并且是知识进化的源泉。严格地说，想象力是科学研究中的实在因素。"在科学史上，曾经出现过许多大胆而成功的科学想象或科学幻想，俄国科学家齐奥柯夫斯基在1894年作出的未来宇宙航行的设想，就是突出的一例。

著名科学家钱学森指出："人认识客观世界首先是用形象思维，而不是用抽象思维。就是说，人类思维的发展是从具体到抽象。"他建议把形象思维作为思维科学的突破口。因为它一旦搞清楚之后，就把前科学的那一部分，即别人很难学到的那些科学以前的知识，即精神财富挖掘出来，进而把我们的智力开发大大地向前推进一步。

(3) 灵感思维

灵感思维是指人们在研究过程中对于曾经长期反复进行过探索而尚未解决的问题,因某种偶然因素的激发而豁然开朗,使其得到突然性顿悟的思维活动。灵感思维又称为顿悟思维。灵感思维与直觉思维有某些相似之处,它们最主要的特点是产生突发性或偶然性。在科学研究中,"灵机一动,计上心来",也是这种灵感思维的表述。

灵感与机遇都同属一种偶然性,但二者性质又不相同,机遇发生在观察和实验中,属于客观现象,而灵感却产生于思考问题的过程中,属于主观现象。在科学史上,因偶然因素而产生灵感的事例是不胜枚举的。

钱学森指出:"如果逻辑思维是线性的,形象思维是二维的,那么灵感思维好像是三维的","研究人类的潜意识活动是搞清灵感思维机理的起步方向"。物质世界是一个三维的立体系统,物质世界的最高产物——人脑也是一个三维的立体系统,人脑不仅在意识这个呈现层次上反映立体的客观世界,而且在潜意识这个层次上反映立体的客观世界。潜意识(unconscious)是一个外来语,也译为无意识或下意识。所谓潜意识就是未呈现的意识,是人脑所具备的潜在的反应形式。

灵感是人脑中显意识与潜意识交互作用而相互通融的结晶。潜意识推理是一种特殊的非逻辑性认识活动,它是多因素、多层次、多功能的系统整合过程。灵感思维实际上是一种潜意识思维方式,即是一种非逻辑思维,它同抽象思维、形象思维一样,都是人们理性认识所具备的一种高级认识方式。

灵感思维的基本特征是它的突发性、偶然性、独创性和模糊性,这些特征是它区别于其他思维形式的显著标志。

钱学森认为研究信息科学理所当然是思维科学的基础科学之一。

钱老指出形象思维对科学技术、工程技术很有价值,并指出斯巴克思的观点——建立形象思维学要通过研究语言和识别图形。

钱学森多次倡导:科学技术工作绝不能局限于抽象思维的归纳推理法,即所谓"科学方法",而必须兼用形象或直感思维,甚至要借助于灵感进入顿悟领域。爱因斯坦曾指出,看来,直觉是头等重要的。庞加莱曾指出,逻辑用于论证,直觉可用于发明。

6.2.4 思维的形式及推理方法

(1) 思维的形式

思维的形式就是概念、判断和推理。因此,思维有3种形式,也称为思维的3要素。

概念　人们对客观事物本质属性刻画的一种思维形式。

判断　概念与概念的联合称为判断。

推理　判断与判断的联合称为推理。

思维形式在论文中有许多应用的具体体现。例如,要求学术论文中给出的概念要科学、准确,这样才能给出定义、引理、定理,进而通过论证、推理,给出科学的结论。

论文中采用的图、表、曲线等都属于形象思维的范畴,而公式属于逻辑思维范畴。国家标准 GB/T15237.1-2000《术语工作 词汇 第1部分:理论与应用》规定,概念是对特征的组合而形成的知识单元。它反映事物本质属性,是人们对事物本质的认识,是逻辑思维的最基本单元和形式。

概念是反映事物特征的思维单元,特征是构成概念的特点、属性或关系,是区别概念的基础。专业概念的词或词组称为术语。概念是思维形式最基本的组成单位,又被称为科学的细胞,它是构成判断、推理的要素。概念的形成是在人们对客观事物本质认识中形成的,思维要正确反映客观事物的辩证运动,概念必须是辩证的,是主观性与客观性、特殊性与普适性、抽象性与具体性的辩证统一。判断是概念和概念的联合,判断与判断的联合就构成了推理。

(2) 科学的思维方法和推理方法

① 比较与分类。认识事物从区分开始,要区分就要比较,有比较才能鉴别。比较可以对事物进行定性鉴别和定量分析。一个事物的质,只有通过与他事物的比较才能显示出来。通过比较还可以鉴别理论同实践是否符合。

事物之间的异同,有现象的,也有本质的。科学研究不应停留在表面现象上,而应深入到本质中去。抓住事物的本质进行比较,对于科学地识别事物是至关重要的。比较总是以事物的某一特性为标准来进行的,所以比较往往具有局限性,应该注意比较的条件和范围。

通过比较事物的共同点和差异点,可以根据共同点将事物分类,从本质上,分类可按现象和本质分为两类。分类有助于人们通过现象认识事物的本质。分类便于检索,能够预见未来。

② 分析与综合。分析是在思维中把认识对象的整体分解为各个部分,从中认识事物的基础或本质的方法。通过分解,先认识其中的各个部分,然后,再进一步从多方面属性中发现其基础或本质的东西,这才是辩证分析的真正目的所在。

为了发现事物的本质,还要在分解的基础上,把事物的各个方面放到相互联系、相互作用和发展变化中去认识,从中发现占主导地位、起支配作用的矛盾的主要方面,才能真正认识到事物的本质。可见,科学分析的最重要、最基本的方法是矛盾分析法。

综合则是与分析相反过程的一种思维方法。综合是在思维中把对象的各个本质方面按其内在联系组合成一个统一整体的思维方法。各门科学的逻辑体系都是综合的结果。人们从纷繁复杂的现象中,分析出事物的本质,形成一个又一个的科学概念、定理、定律,然后按它们的内在联系有机地组合成一个整体,使人们对事物的认识更完整更全面。这就是综合与分析的重要区别。

③ 演绎推理。从一般规律出发,运用逻辑证明或数学运算推导,作出符合事物应遵循的规律,即从一般到特殊的推理方式。

④ 归纳推理。对大量的个别材料进行概括和加工然后得出一般的结果或规律的推理法。归纳推理法是从特殊到一般的推理过程。应该指出,运用归纳推理法来论证科技论文的观点或结论,其结论必然是经过实验证实的。

⑤ 类比推理。类比推理法又称类比法,它是根据对象的一些相同属性,推出其中一个未知属性的逻辑推理方法。

⑥ 例证法。以客观存在的事实为证据的推理方法。在自然科学科技论文推理过程中经常应用这种方法。

⑦ 假说与理论。科学假说是根据已知的事实和科学知识,对未知的客观现象及其规律作出假定性的说明。科学假说是以事实为根据,这种事实来源于人们在实践中发现的新事实,而这些事实却是用已有理论或假说所无法解释的,从而提出了新的假说。假说从实践中来,又要回到实践中去接受检验。不同的假说相比较而存在,相斗争而发展,这就是假说的发展规律。

假说的作用,一是可以使研究工作有目的、有计划地进行,避免盲目性;二是可以把研究工作引向深入,开阔新的研究领域。因此,假说是科学研究和促进科学发展的一种极其重要的形式和手段,是认识通向真理的必由之路。

⑧ 控制论方法。所谓控制是指一个系统依据内部和外部的条件变化而进行调整,以克服不确定性,使系统稳定地保持某种状态或按预定的规律运行。要实现控制,解除系统的不确定性是控制要解决的主要矛盾,就必须具有获得、使用、保持和传递信息的方法。实际上,对系统的扰动因素是多样的,并非所有的扰动都可以测量,而且有些扰动是事先不可能知道的。因此,直接通过取得关于扰动的信息来组织控制,不仅会使控制系统异常复杂,而且在某些情况下甚至是不可能的。

反馈控制是根据被控对象实际输出与期望输出的偏差来进行控制的,反馈控制有利于消除外部干扰。反馈的思想不仅为自动控制奠定了重要基础,而且反馈的方法在多个领域获得了应用,如电子线路、信息系统、经济管理、社会管理等。

⑨ 信息化方法。在当代信息化社会中,信息是一切组织系统的一种普遍形式。信息量的变化,标志着组织系统的兴衰。信息质的特征,反映着系统功能的目标。

所谓信息化方法是把信息概念作为分析问题和处理问题的基础,它完全撇开研究对象的物质和能量的具体形态,而把研究对象抽象为信息及其变换过程。信息化方法是借助于计算机对信息的获取、传递、加工、处理等步骤来揭示研究对象的性质和规律。它以信息传输为线索,通过信息输入、信息加工处理、信息输出和信息反馈等环节构成了一个有组织、有秩序的科学研究过程的信息流。这一信息流体现了"实践——认识——再实践"的认识论的基本思想。

⑩ 系统论方法。科学研究的对象往往不是孤立的,把对象作为一个系统来研究,就是系统论方法。在科研过程中,利用系统论方法就是从整体(全局)的观点出发,综合应用现代科学理论、技术和先进工具,定性和定量地考察系统和部分、部分与部分、系统与环境之间的关系和联系,以便使研究对象达到最优的指标。

从系统科学的观点看,系统论方法包括如下基本原则:

整体性原则 系统的功能不等于各部分功能的总和,而是大于它各部分的总和,这一原则正是系统科学方法整体性原则的来源。

联系性原则 系统的结构是系统各部分之间相对稳定的相互联系、相互作用的方式,在各种相互联系中系统结构联系占有重要地位,系统结构决定系统功能和行为。

最优化原则 最优化是指在多种可能的方案中,选择出最优的系统方案,使系统具有最优的性能。这是系统理论、系统方法和各类系统工程所期望的最终目标。

⑪ 理想化方法。在自然科学研究中,理想化方法主要包括建立理想模型和设计理想实验。理想实验并非真实的物质实验,它是在人们思想中运用理想模型,在塑造理想条件下的运动过程,进行严密逻辑推理的一种理论研究方法。

设计理想实验要以真实的科学实验为基础,抓住关键因素,对真实实验作深入抽象分析,进而运用科学抽象建立理想模型,进一步塑造理想条件和理想过程,并运用逻辑方法建立理想实验。

⑫ 元过程法。对于许多自然现象和过程,可以离开全局来探索局部的规律。首先将局部范围从全局中孤立出来加以研究。然后,利用局部的有限的实验和理论研究中所得到的自然规律,再去研究这些有限的实验和理论研究范围以外的现象和规律。

在科学研究中除了上述的研究方法外,还有模型化方法、黑箱法、移植法等,在此不再赘述。

科学研究的两大武器是科学实验和辩证思维,也就是说既要勇于动手实践,又要善于动脑思考。科学研究的任务在于通过感觉而达于思维,揭示客观事物的本质和规律。对所获得的感性材料要进行去伪存真,在此基础上运用比较、分类、类比、归纳与演绎、分析和综合等方法,才能透过现象,认识本质。

6.2.5 思维科学对科技论文写作的重要作用

我国著名物理学家严济慈指出,在理工科大学开设科技写作课,对于提高大学生的科技写作能力、培养高质量的科技人才是十分重要的。

日本某大学研究生院院长在其著作中写道:"有人做过调查,该系理工科大学毕业生认为对他们最有用且需要进一步加强的课程:一是数学,二是物理,三是写作。"

撰写论文不只是文字表达,论文质量的高低,也绝不仅取决于作者的语文水平,而是与作者的思维能力以及科学研究方法息息相关。可以说,完整的科技论文写作过程,同整个科学研究过程相重合、相一致,论文的写作过程也就是科学研究的过程,论文的写作过程是科学研究成果的深化和升华,是科学研究的继续,也是科研工作不可分割的重要组成部分。

科技写作并不仅是简单地把研究中已经取得的思维活动(成果)用文字等书面符号表达出来,而其自身就是科学研究的思维过程,在写作过程中,往往能对自己所研究的课题作出更加深刻的探讨,发现和弥补原来的不足,或引起新的联想,新的思索,产生新的认识,从而使研究工作达到新的阶段。有时还会在写作中爆发出极为宝贵的思想火花,甚至找到重大价值的新的研究课题。因此,科技工作者,尤其是研究生,应该善于运用科技写作这一重要手段,提高自身进行科学研究工作的能力。

6.2.6 怎样用思维科学指导科技论文写作

科学技术研究工作是在人类已有知识基础上,借助已有的科学仪器、实验设备、计算机等物质条件所进行的一种十分复杂的创造性思维活动。撰写科技论文用文字和形象化的语言、图表等反映、再现这一创造性思维活动,使专业人员通过阅读论文能够领会到科研成果的创新思想,从中受到启迪。因此,要求论文首先必须具有可读性,要符合人的认识事物的思维规律。

思维科学揭示了人们认识客观世界的思维规律和思维方法,该怎样应用思维科学的基本概念和方法来指导科技论文写作呢？可以从以下几方面来考虑。

(1)撰写引言(综述)时,要突出表现作者研究该课题的动因的思维过程。因此,引言一般要从所研究的问题或课题源头写起,但是这个源头要视问题而定,不一定就是很久远。学位论文引言涉及研究问题的起源、现状、进展、存在问题、研究目的及研究内容等。而学术论文专业性强,加上篇幅所限,引言内容在时间、空间范围上都会较为集中。

引言的作用就是引导读者了解研究工作的来龙去脉,如果把引言从开头到结束比作客机开始降落到着陆的过程,那么客机从什么时候开始、在多高的高度上、以什么样的姿态开始准备降落,就相当于引言怎么样开头的问题。即从什么时候写起,在什么专业水平上写起,以什么样的方式写,这样才能把要研究的问题引出来,使读者感到引得自然,交代清楚,写得有深度,有水平。这就要求作者要很好地思考,正确地运用思维科学的方法加以指导。

(2)撰写正文部分时,要突出表现科技论文论证过程的逻辑性、严密性。论证过程离不开思维形式的三要素——概念、判断和推理。应用已有的概念要准确,若是作者提出的新概念务必科学、准确。作者给出的引理、定理要正确表达,要经得起推敲,不能含糊其辞。使用论据材料要充分、全面、翔实,才能确保通过论据得出论点的正确性。

(3)语言是思维的外壳,是思维的内容,因此科技论文中要正确使用语言文字,利用文字语言表达研究过程要求简明、准确,尽量不用修饰、夸张性语言。此外,科技论文还必须善于使用形象化的工程语言,如图、表、式、计算机语言(程序)。其中图包括:曲线图、结构图、原理图、示意图、图解框图、流程图、照片等。

作者不仅要善于使用抽象思维的自然语言文字表达,而且更要善于运用形象思维的工程语言的图表等来表达。因为图表善于表达研究问题中变量的动态变化过程,具有生动鲜明的特点,可弥补文字描述的不足。欲将上述两种表达方式巧妙地结合,做到融合互补,但又不重复,就需要作者很好地开动脑筋,既发挥好左脑的逻辑思维表达功能,又发挥好右脑的形象思维表达功能,并做到定性定量综合集成。这样,才会使科技论文具有科学、准确、鲜明的特点。

(4)科技论文写作,从选题、查阅文献、写引言(综述)到必要的理论、技术准备,再到科研工作的具体实施全过程,贯穿科研工作始终的是人脑的思维活动。而科技论文是向读者再现作者取得科研成果的创造性思维活动的全过程。写作的构思过程要符合人认识事物的一般规律,即认知规律。这就是人们常说的,要由浅入深,深入浅出,由简单到复杂,由具体到抽象,由个别到一般。一般来说,由提出问题、分析问题入手,到应用理论或技术手段去解决问题,再到工程应用,甚至再回到理论。

作者必须保持论文思路的连贯性,也就是思维逻辑的连续性,意指具有一定专业基础和水平的读者能够借助文中引用的相关文献一步一步地读下去,不至于到某一步怎么也研读不下去。

撰写好的一篇科技论文如果能获得这样的评价:"结构严谨,推理逻辑严密,语言表达流畅,图文并茂,可读性好",就表明作者在运用思维科学方法指导写作是成功的。

6.3 科学方法论基础

6.3.1 科学方法论的重要地位

科学研究属于科学工作的范畴,科学的本质在于创新,而创新必须有正确的科研方法。在科学史上,凡是对人类作出重大贡献的科学家、大师们,无不十分重视并正确运用科学研究方法论作指导。

自然科学研究方法有三个层次:
(1)哲学层面提出的普遍指导方法。
(2)自然科学中广泛采用的一般方法。
(3)学科专业领域采用的具体特殊方法。

自下而上,层次越来越高,意义就越重大,指导作用强;自上而下,层次相对越低,指导的越具体而深入。爱因斯坦曾指出,哲学可以被认为全部科学研究之母。

科技写作是以科学研究的实践活动为基础的,科技工作者只有在正确的科研方法指导下,才有可能在科研实践工作中获得成果,才能为科技论文提供很好的丰富的写作素材。一篇好的科技论文,不仅要有好的素材,而且同样需要用科学方法论指导写作,才能使写成的论文犹如一面镜子,真实准确地反映出取得研究成果的创新性思维活动的过程。

哲学是关于世界观和方法论的学问,它是自然科学、社会科学和思维科学知识的概括和总结。科学工作者都要自觉地运用哲学这一科学方法论来指导自己的科研工作,也包括撰写科技论文。

6.3.2 哲学的基本问题

哲学的基本问题是思维和存在的关系问题。马克思主义哲学是科学的世界观和方法论,它是建立在科学实践观基础上的辩证唯物主义和历史唯物主义的统一。恩格斯创立的自然辩证法是马克思主义哲学的重要组成部分。

哲学方法是对包括自然科学、社会科学、思维科学在内的一切科学的最普遍意义上的指导方法,是研究体系上的最高境地。

自然辩证法认为,一切对立的东西都经过中间环节互相过渡……辩证法不知道什么绝对分明的界限,不知道什么无条件的普通有效的"非此即彼",除了"非此即彼",又在适当的地方承认"亦此亦彼",并且把对立的东西调和起来(统一起来)。

恩格斯指出:数学的转折点是笛卡儿的变数,有了变数,运动进入了数学,有了变数,辩证法进入了数学,有了变数,微分和积分本质上不外是辩证法在数学方面的运用。

人们对客观事物的认识是一个在实践基础上不断深化发展的过程,表现为由简单到复杂,由低级的感性认识到高级的理性认识阶段的前进运动,实践、认识、再实践、再认识,循环反复,以至于无穷,螺旋式上升,是人类认识的前进规律。

人类的认识过程具有如下辩证特性。

(1)认识的两次飞跃

一是从感性到理性飞跃。"去粗取精,去伪存真,由此及彼,由表及里的改造制作功夫"就是辩证思维方法的具体运用。

二是从理性认识到实践的飞跃。理性认识是要接受实践的检验,实践是检验真理的唯一标准。

(2)认识运动的反复性、上升性和无限性

反复性 人的认识受主客观条件和环境限制及变化的影响,使人的认识具有反复性。

上升性 多次反复(理性→实践→理性)上升,使人的认识更加深刻。

无限性 客观事物运动变化是无限的,决定人的认识过程是无限发展的。

(3)认识的结构和运行机制

认识结构包括:认识主体;认识中介系统;认识客体。认识过程是一个对信息加工、改造和整合的过程,具有相互统一的结构。

认识的中介系统本质上是一个信息系统,信息加工和信息转换是人认识的内在机制。

6.3.3 对立统一规律

矛盾是指世界上一切事物、现象、系统、过程的内部都包含着既相互关联又相互排斥的两个方面。矛盾是标志事物之间或事物内部各要素之间的对立和统一及其关系的基本范畴,范畴指人的思维对客观事物本质属性的反映。人的概念的每一个差异,都应把它看做客观矛盾的反映。客观矛盾反映人的主观思想,组成了概念的矛盾运动,推动了思想的发展。

矛盾是辩证法的核心概念,矛盾就是对立统一。恩格斯的《自然辩证法》表明,对立统一的规律是自然界的根本规律,它通过自然界中的各种矛盾的不断斗争和相互转化来决定自然界的生存,支配着整个自然界。毛泽东同志在《矛盾论》等哲学著作中把这一思想概括为矛盾的普遍性,矛盾存在于一切事物的发展过程中;对立统一规律是宇宙的根本规律,不论在自然界、人类社会和人的思想中,都是普遍存在的。矛盾着的对立面既对立又统一,又斗争,由此推动事物运动和变化。

对立统一规律,又称为矛盾规律、矛盾论。对立统一规律是指任何事物都包含着矛盾,矛盾双方既对立又统一(既同一又斗争),由此推动着事物的发展。对立统一规律揭示了事物发展的源泉、动力和实质内容,是提供理解现存事物的"自身运动"的钥匙,它是唯物辩证法的实质和核心,是人们认识世界和改造世界的根本指导原则。

同一性与差异性 同一性(统一性)与差异性(斗争性)是矛盾的两种属性。矛盾同一性是矛盾的双方相互联系、相互吸引的性质和趋势。矛盾斗争性是矛盾的双方相互离异、相互排斥的性质和趋势。矛盾双方共存一事物中,互为条件,矛盾的斗争性推动事物发展,这就是矛盾同一性与斗争性的辩证关系。

普遍性与特殊性 矛盾普遍性是事物的共性,是无条件的,是绝对的。矛盾的特殊性是每一个事物的运动形式和其他运动形式质的不同的特性。矛盾的普遍性和特殊性是有区别的,又是相互联系的,它们的区别是相对的,在一定条件下可以相互转化。这就是矛盾普遍性与特殊性的辩证关系。矛盾的普遍性和特殊性即共性与个性、绝对和相对的原理,是矛盾问题的精髓。

矛盾发展的不平衡性 矛盾发展的不平衡性主要表现:一是主要矛盾和非主要矛盾的不平衡;二是矛盾的主要方面和次要方面的不平衡。主要矛盾是处于支配地位的,对事物的发展过程起决定作用的矛盾;相反,次要矛盾则是处于从属地位的,对事物的发展过程不起决定作用的矛盾。不论是主要矛盾还是次要矛盾,矛盾双方中处于支配地位、起主导作用的一方称为矛盾的主要方面,而处于被支配地位的另一方则是矛盾的次要方面。

6.3.4 量变质变规律

事物的发展变化总是由量变到质变,由质变到量变,这种量变和质变的相互关系和相互转化的规律,称为量变质变规律。

质·量·度 质是事物自身区别于其他事物的一种内在规定性。事物的质是通过属性表现出来,质是事物的内在规定性,属性是它的外在表现。量是事物的规模、发展程度、速度及其构成成分等用数量表示的规定性。

任何事物都是质和量的统一体,反映特定质和特定量相统一的哲学范畴称为度。度是事物保持其质的量的限度,任何事物存在都有度。只有认识事物的度才能在科研实践中提出正确的指导原则。

量变和质变的辩证关系 量变指事物量的变化:一是数量的增减和场所的变化;二是事物内部空间排列结构的变化。质变指事物性质的变化,是由一种质态向另一种质态的转变。

量变是质变的必要准备,质变是量变的必然结果。质变具有突发性,但它是以逐渐的量变为基础的。质变体现和巩固量变的成果,并进一步引起新的量变。量变可以转化为质变,质变可以转化为量变,如此循环往复,以至无穷,不断推动事物向前发展。

量变和质变是辩证统一的。量变质变不仅具有普遍,而且具有多样性、复杂性和相互渗透性。量变和质变的相互渗透,揭示了事物发展过程的连续性和阶段性的统一。

6.3.5 否定之否定规律

事物的发展变化总是由量变到质变,由质变到量变。这种量变和质变的相互关系和相互转化的否定之否定规律表明,由于内在矛盾性或内在否定的力量,促使现存事物转化为自己的对立面,由肯定达到对自身的否定,进而再由否定达到新的肯定,这就是所谓的否定之否定,由此显示出事物自身发展足迹的完整过程。这就是否定之否定规律。

由于事物的矛盾运动,任何事物内部都包含着肯定方面和否定方面。肯定方面是维持其存在的方面,否定方面是事物促使灭亡的方面。肯定和否定是相互对立、相互排斥、辩证的统一。辩证的否定是在否定旧事物的同时,保留旧事物中积极的因素,它把新旧事物联系起来,是包含着肯定的否定。辩证的否定过程要经历肯定——否定——否定之否定这样三个阶段。在内容上是自我发展、自我完善的过程,在形式上是波浪式前进或螺旋式上升的过程。这一过程体现了事物发展过程的周期性和曲折性的统一。

6.3.6 科学方法论指导科技创新的例子

在科学史上,许多重大的科学发现、技术发明、科技创新等成就都是科学大师、科学家、发明家等自觉不自觉地运用科学方法论作指导取得的。下面仅举几个例子加以说明。

爱因斯坦 在科学研究中,形象思维过程往往是进行理想实验的过程。爱因斯坦在阿劳的这一年中,他想到,倘若使一个人以光速跟着光跑,会产生什么样的情况?这一设想使他提出了狭义相对论。他认为这是同狭义相对论有关的第一个朴素的理想实验。正是这样一种以想象力为基础的理想实验对科学的发展有着巨大的推动作用。

普利高津 创立耗散结构论,并因此获得诺贝尔奖的普利高津教授,就是在分析热力学第二定律对应倒退的时间箭头与生物进化论对应进化的时间箭头二者方向截然相反的矛盾中,将两个本来方向对立的箭头透过建立耗散结构理论给统一了起来。这是应用对立统一规律进行科学发现的典型例证。

维纳 维纳在创立控制论过程中,通过对被控对象输出与期望输出之间存在矛盾的深入分析,并将火炮自动瞄准飞机与狩猎行为作类比,他发现了反馈的重要概念。维纳等人认为,目的性行为可以用反馈来代替,从而突破了生命体与非生命体——机器控制界限,把目的性行为这个生物体所特有的概念赋予机器,就为维纳创立控制论奠定了基础。

扎德 康托尔创立的经典集合论,用 0 和 1 两个值(二值逻辑)表示某事物具有或不具有某种属性。这样的集合不能描述大量客观事物存在的模糊性,即具有某种属性的程度介于 0 和 1 之间的状态。如何将经典集合中 0 和 1 两个对立的逻辑值统一起来?扎德通过把 0 和 1 两个值拓展到 $[0,1]$ 闭区间,建立了隶属函数,从而创立了模糊集合。经典集合被视为模糊集合的特例。

恩格斯曾指出,一切差异都会在中间阶段融合,一切对立都会经过中间环节而转移。上述例子表明,普利高津把两个对立的箭头方向,通过建立耗散结构这样的中间环节而融合达到统一;维纳把被控对象输入和输出间的差异(矛盾),通过建立反馈这样的中间环节而融合统一;扎德把经典集合0和1二值逻辑,通过建立隶属函数这样的中间环节而融合为[0,1]闭区间。所有这些,正是对恩格斯上述论述的最好例证,也是运用科学方法论指导科技创新的典范。

6.4 系统科学、思维科学和科学方法论基本概念及原理总结

下面就系统科学、思维科学和科学方法论中的最基本的概念和原理简要总结。

6.4.1 系统科学的最基本概念和原理

系统科学中最基本的概念是:系统、结构、层次、功能、环境。

系统科学的基本原理包括:系统方法论、系统认识论,系统矛盾论,系统演化论。

1. 系统方法论

把系统概念和系统原理引入方法论,形成了系统方法论。它的核心思想可用钱学森的一句名言概括为:"系统论是还原论与整体论的辩证统一。"系统科学强调从整体上认识和解决问题。

2. 系统认识论

把系统观点引入哲学认识论,用系统概念和系统原理阐述人的认识运动,揭示其一般的规律,就是系统认识论。它把一切对象作为系统来认识,认识是由认识主体和认识对象两个子系统相互作用而构成的系统。根据毛泽东的《实践论》,认识作为过程系统由认识和实践两个一级子过程组成,前一个子过程包括感性认识和理性认识两个二级子过程,两个一级过程循环往复,构成了总的认识过程。

系统认识论认为人类知识由理论知识和经验知识两个子系统构成,二者缺一不可。而且它们之间没有截然分明的界限。系统越复杂,经验知识对于认识和解决问题就越重要。系统认识论承认人的完整的认识系统是由于显意识和潜意识两个层面组成,潜意识为显意识层次的认识提供了深厚的基础,没有潜

意识就没有灵感、顿悟之类的非逻辑思维。

3. 系统矛盾论

把系统论的观点引入矛盾论，不难发现，任何矛盾都是系统，任何系统都包含矛盾，而且不止一个矛盾。不同的具体系统都有其特殊矛盾和矛盾的特殊性，而系统矛盾论只限于考察一切系统中普遍存在的那些矛盾。包括：系统与非系统、存在与演化、部分与整体、内因与外因、合作与竞争、输入与输出等。

4. 系统演化论

从广义上讲，系统随时间可能的变化都称为系统的演化。狭义的演化从系统内部看，指系统内部结构方式的根本变化，从一种结构变为另一种性质不同的结构；从系统外部看，指系统整体形态和行为方式的根本变化。系统内部元素之间、子系统之间、层次之间的相互作用是系统演化的内因，外部环境的变化是系统演化的外因。

6.4.2 思维科学的最基本概念和方法

思维科学中最基本的概念是：抽象思维、形象思维、灵感思维，概念、判断、推理。

思维科学的基本方法包括：演绎推理、归纳推理、类比推理、分析与综合。由于这些思维方法在前面已有介绍，在此不再复述。

6.4.3 科学方法论的最基本概念和原理

科学方法论中最基本的概念是：哲学、认识、实践、矛盾、对立统一、辩证法、共性、特性、同一性、斗争性、量变、质变等。

科学方法论的基本规律包括：对立统一规律、量变质变规律、否定之否定规律。

6.5 怎样用系统科学、思维科学和科学方法论指导撰写科技论文

本章已对系统科学、思维科学和科学方法论中的基本概念、基本原理做了简要的介绍和总结。其目的在于：一方面能对研究生和广大研究人员在撰写科技论文过程中有所启发和指导；另一方面，无论是对于攻读学位的研究生，还是已获得了学位的年轻学者或是已参加工作多年的研究人员，掌握系统科学、思

维科学和科学方法论中的最基本的概念和原理,用于指导自己做好研究工作、设计工作或教学工作等都会收到事半功倍的或意想不到的效果。

系统科学、思维科学和科学方法论在系统的范畴内,它们都是相通的。它们共同为我们正确认识自然、认识社会、认识人类自身提供了方法论。

科技写作的对象是科技论文,无论是哪种形式的科技论文都是由若干个既独立又相互联系的部分所组成。从系统科学的角度,撰写论文的结构一定所要符合规范要求,而不能自作主张在结构上设计出新花样,因为科技论文不是文学作品。尽管对论文的各个部分都要下工夫写作,但从重要程度上看,它们之间还是有差异的。例如,论文的题目字数虽少,但它的重要性是不言而喻的,说多么重要都不过分;题目字数虽少但花费思考、酝酿、斟酌的时间未必就少;题目的位置虽然处在论文的最前面,但往往是写完论文之后再最后敲定题目。

在论文中,结构的概念无处不在,大到章节的宏观结构,小到关键词的名词术语之间的逻辑组合,都充分地表明掌握好系统科学中结构的概念,对于撰写好论文是特别重要的。

论文的摘要虽然作为论文的一个组成部分,但它又是一篇独立的短文,它能给出整篇论文的主要信息量。摘要的四要素,研究目的、方法、结果和结论不仅体现出研究过程的时间顺序,也体现出事件前后因果的逻辑关系。

关键词的选择,虽然数量仅有 3~8 个,但却是一件不太容易的事。要体现出抓主要矛盾的思想,也就是说这样一些词和词组在整篇论文的主体思想中占主导地位,它们支配着论文的核心内容。因此,在遴选关键词时,初选要多选出一些,然后通过反复比较、分析的方法,最后确定选用的关键词。

撰写正文最能体现出综合运用系统科学、思维科学和科学方法论来提出问题、分析问题、解决问题、获得结果、得出结论的全过程。

所研究的对象是一个系统,按照系统矛盾论的观点,任何系统都包含矛盾,而且不止一个矛盾。必须采取抓主要矛盾的思想方法,如何解决主要矛盾的对立双方在一定的条件下统一的问题,就成为研究中的关键问题。为此,必须采取对立统一规律加以解决。解决的基本途径是在矛盾的双方之间建立某种联系,通过这种联系的过程使对立的双方得以共存,从而使对立的双方达到统一的目的。

对于通过实验(试验)或计算机仿真所得到的数据、曲线等结果,要保留原始数据,经过必要的统计处理的数据要加以说明。要善于使用形象化的工程语言、设计规范的图表对结果加以表述。对于从研究结果获得的新结论或通过理论推导得出的定理等,都要通过某种或某些论证方法加以论证。例如,比较与分类、分析与综合、类比推理、演绎推理、归纳推理等。对于研究中给出的新概念,务必做到科学、准确、严密。对于论点的论证要做到论据充分,论证方法使用合理,论证过程严密,论证结果正确。

为了获得新的科研成果,并非是一件容易的事。不仅需要研究人员具有深厚的基础理论、专业知识和丰富的实践经验,还更需要在整个研究的全过程中自觉地运用对立统一的科学方法论加以指导。

撰写科技论文是再现取得研究成果创新思维的过程,因此在做研究的过程中就要为将来撰写论文做准备,或者说在科研中构思论文。而在写作论文过程中,通过系统地回顾、总结研究过程取得研究结果的来龙去脉,或许会更深入地思考一些深层次的问题,或许在写作中会迸发出新的研究思路,为后续研究提出新的方向等。这样的过程,可以说是在论文写作中提升了研究。

总之,撰写科技论文和进行科学研究二者共存于科学研究工作全过程的系统中,它们相互作用、相互激励,又相互补充。在科研工作的全过程中,当没有完成研究工作并取得成果的阶段内,进行科研工作是处于主要矛盾的地位,而当取得了阶段性结果或最终研究成果以后,撰写科技论文占据了主要地位。完成了科技论文的写作,投稿,修改,直至录取发表,这一项研究工作告一段落。或许由于在论文撰写过程中对研究问题的深入挖掘和思考,拓宽了研究方向和新的问题,酝酿出了新的研究课题,又将开始新的一轮研究工作。

第7章　科技论文写作与科研工作的一体化

■　科技论文写作是科研工作不可分割的一部分,科研成果始于科研工作,表征科研成果的论文发表标志着科研工作暂告结束。不难看出,科技论文与科研工作是融为一体的。从科研工作一开始,到各个研究环节直到取得研究成果,都要为将来写作科技论文做准备。写作科技论文又要回顾、总结取得成果的创新思维过程,二者密不可分。本章阐述科技论文写作与科研工作一体化的思想方法,不仅有助于拓宽提高科技论文的写作视野,而且有利于激发科研工作的创新思维。

7.1　科研工作的选题立项

科研工作始于选题,即选题是科学研究的第一步。科研选题决定你的研究方向,在一定程度上决定着研究内容、方法及途径,对于研究的成功与失败产生影响很大。因此,选题具有战略性和全局性。

选题选得越好,取得新成果可能性就越大。有了科研的新成果,就为科技论文的写作创造了条件。因此,科研选题、科研成果与科技论文之间的关系是密不可分的,是科技创新思维这条主线把它们自始至终联系在一起。

7.1.1　科学研究课题的来源

科研课题来源于以下几个方面。

(1)国家专项基金课题

国家自然科学基金课题　科技部每年度发布《国家自然科学基金项目指南》,

并提供基金资助面上项目、重点项目和重大项目的基础研究、应用基础研究。

国家重大专项基金课题 国家973项目、国家863项目、火炬计划项目、星火计划项目、国家重点科技攻关项目、国家科技成果重点推广项目、国家重点新产品计划项目等。

国防重大专项基金课题 为了保卫国家安全,由国防部、总装备部等提供基金设立的重大专项基金课题,如国防"863"项目等。

国际合作/协作基金 科技部和国际科研机构、基金会等组织提供基金资助的跨国家、跨地区的研究课题。

(2)政府部门基金课题

国家、省市科技、教育、卫生等行政部门设立的专项基金课题,如省科技部门设立的省自然科学基金、科技攻关项目等,教育部门设立的博士点基金、留学回国人员启动基金等。

(3)企业公司委托课题

由大型企业、厂矿及公司等设立的科技攻关、技术改造、技术创新及新产品研发等课题。

(4)自选课题

科技人员根据自己的兴趣、特长和经验,选定的具有一定理论价值、学术价值或应用价值的研究课题,也可以从已有课题的延伸中选题。自选课题研究经费一般靠自筹为主。

7.1.2 选择课题的基本原则

选什么样的题目需要从客观与主观两个方面来考虑。选择研究题目不仅要具有理论意义,而且要有应用价值或应用前景。客观上有需求,主观上具有取得新成果的可能性。应该说,当你或团队具有的研究基础越雄厚、研究成果积累越多,选择的题目越新颖、越前沿,将来取得成果的创新性就越大,同时承受风险也会越大。

选择科研课题应遵循以下原则。

(1)创新性原则

科学的本质特性在于创新,只有不断创新才能推动科学技术进步。选题的创新性体现在理论创新、技术创新和应用创新三个层面。创新性强的题目不仅有利于获得创新性成果,而且有利于撰写的科技论文具有创新性。

(2) 需求性原则

选题应该满足国家经济建设、国防建设的需求,有利于推动科学发展和社会进步,这样选择的课题不仅要具有理论意义,而且要有应用价值或应用前景。

(3) 交叉性原则

科学的发展正在高度分化不断产生新的学科,又高度综合不断涌现出新的交叉学科。正如维纳指出的,在科学发展上可以得到最大收获的领域是各种已经建立起来的部门之间的被忽视的无人区。因此,科研选题尽量面向跨多学科领域的交叉方向,为获得创新性成果提供更大的机会。

(4) 可行性原则

对选择的研究题目要感兴趣,有研究基础,具有经过努力拼搏取得新成果的可能性。具体要从三个方面来权衡:一是是否具备足够的理论基础;二是是否具备足够实验设备和必要的硬件、软件条件等;三是课题组的整体研究能力可否胜任此项研究。

7.1.3 在选题中构思引言(绪论)的写作思路

从查阅国内外研究文献开始,本着选题具有创新性、交叉性、需求性和可行性的指导思想,通过分析某一领域国内外研究现状,存在的主要问题,辩证地分析这一问题存在的矛盾,探索解决矛盾的科学方法,确定研究的主要内容以及预期的研究目标等。这样的一系列过程,恰好是完成研究课题并取得创新性成果之后,要写作科技论文引言部分的基本素材和思路。

应该指出,撰写科技论文的引言(绪论)部分与上述选题的思维过程具有相似性,但又不是简单的复述。因为选题是在课题正式开展科研工作之前进行的,而选题当时的一些构想、预测研究过程及可能取得成果等都具有较多的不确定性,并没有经过科研实践的检验。当完成课题研究并取得了成果后,撰写科技论文的引言时,就会重新再回到原来的选题过程的思路上去思考,就会在很大程度上对原来的思路、预想情况产生新的认识或提升……

这样的过程,正是本书作者所提出的所谓"在选题中构思写作,在写作中提升科研,科技写作与科学研究一体化"的思想方法。

7.2 科技创新思维的形式

科学家们不仅研究了客观世界物质的各种运动形式和规律,从宏观到微观、从天体运动到卫星运动,从机械运动到电子运动等,也研究了各种生物种群活动形式及其规律、生命信息系统的运行规律等。但唯有人大脑的思维活动及其规律最为复杂,最为奥妙。

7.2.1 创新性思维的特点及其作用

人的思维活动来自大脑的神经系统,它是由一百几十亿个基本单元——神经细胞组成的神经网络系统,这样的脑系统被钱学森称为复杂巨系统。思维是人通过感觉器官从外界感知信息,并通过大脑对这些信息进行转换、加工、学习、储存,从感觉、知觉、表象,再到意识、语言等的心理活动。

创新性思维是以感知、记忆、思考、联想、想象、理解等能力为基础,以综合性、探索性和求新性为特征的高级心理活动。创新性思维是一种具有创造性或革新性见解的思维,这种思维不仅能够发现新事物、新规律或发明新产品、新工艺等,进一步揭示事物的本质,还能在现有的科学、技术、产品、工艺等基础上提出新的、变革性的设想和意见。因此,创造性思维,是一种具有开拓人类认识新领域、开创人类认识新成果的思维活动。

创新性思维是人类独有的高级心理活动过程,它是人类思维区别于动物的显著标志,正如数学家华罗庚所指出的"人"之可贵在于能创造性地思维。

创新性思维与一般性思维相比,其特点是思维方向的求异性、思维结构的灵活性、思维进程的突现性、思维效果的整体性、思维表达的新颖性等。

创新性思维的重要作用表现在如下几个方面:

(1)创造性思维可以不断提高人类对客观世界和主观世界的认识能力。

(2)创造性思维可以不断增加和丰富人类知识系统的总量。

(3)创造性思维可以成为推动科学进步和社会发展的原动力。

(4)成功的创造性思维可以成为激励、促进人们进一步进行创造性思维的催化剂。

7.2.2 科技创新思维的表现形式

科技创新思维虽有多种表现形式,但并没有统一的模式,这里简要介绍几种常用形式。

(1)批判性思维

创新性思维表现在对原有知识、权威观点的怀疑和批判性。习惯性思维致使人们不敢想、不敢改、墨守成规,阻碍了新事物的产生和发展。维纳对世界由物质和能量组成的观点进行批判,提出世界是由能量、物质和信息这三部分组成的新观点,为创立"控制论"奠定了基础。

(2)发散性思维

发散性思维是说当研究某问题时,不是按传统固定的思维方式而是向四面八方扩散,形成辐射状,找出尽可能多的答案,扩大优化选择的余地。爱因斯坦创立的相对论,就是在对事物用不同视角进行观察后,对其相互之间的关系,作出了自己的解释。

(3)连动性思维

连动性思维指按三个方向由此及彼的连动思维方式:一是在纵向看到一种现象就向纵向思考,探究其产生的原因;二是在逆向上发现一种现象,则想到它的反面;三是在横向发现一种现象,能联想到与其相似或相关的事物。这样有利于发现原有认识的片面性、局限性,从而揭示现象的新本质。

(4)原点化思维

从事物的原点出发,从而找出问题的答案。在探究事物时我们常常会遇到这样的情况:百思不得其解的问题,最终回到问题的原点去思考,答案迅即出现。我国的古语"解铃还需系铃人",讲的也是这个道理。

7.2.3 科技创新思维的培养

为了在科研工作中做出具有创新性的研究成果,不断培养创新性思维和开发自身的创新能力是至关重要的。怎样激发创新思维,培养和提高创新能力,可以从以下几方面入手。

(1)提高创新意识和自信心

创新应该是科技工作者的一种崇高追求,没有强烈的创新意识和渴望作出创造性成果的进取心,是不可能研究出有创新性的研究成果的。为了增强创新意识,首要的是解放思想,其次是增强自信心。要敢于冲破传统思想的束缚和自己头脑中的禁锢。创新能力的前提是创新意识,创新意识的前提是自信。杨振宁总结一生的科技成就时指出:"我一生最大的贡献是帮助改变了中国人自觉得不如人的心理。"

(2)保持强烈的好奇心

好奇心是科学创造的出发点、动机和推动力。好奇心是科研人员产生无穷的毅力和耐心的源泉。它能使成功的信心在失败面前毫不动摇,能使勤奋努力持之以恒。爱因斯坦幼小时好奇,老年时也好奇。有好奇心,就会爱提问题。爱因斯坦曾指出,提出一个问题,比解决一个问题更重要。好奇心在爱因斯坦的学术生涯中,在他的科学研究中,以至于在他的哲学中都占有不可忽视的地位。

(3)始终坚持辩证思维

辩证思维的核心是对立统一的思维方法。在爱因斯坦诞辰一百周年后,《相对论的基本概念和方法的发展》一文沉睡60年之后被译成英文发表。卢森堡分析该文认为,爱因斯坦的创造力是典型的"两面神思维",并解释说:"两面神思维指的,是同时积极地构想出两个或更多并存的和(或)同时起作用的或对立的概念、思想或印象。在表现违反逻辑或者违反自然法则情况下,具有创造性的人物制定了两个或更多并存和同时起作用的相反物或对立面,而这样的表述产生了完整的概念、印象和创造。"不能看出,"两面神思维"实际上就是对立统一的辩证思维。

(4)富有丰富的想象力

在逻辑思维、直觉思维和灵感思维中,逻辑思维主要用于推理,而直觉思维和灵感思维对激发创新思维发挥着重要作用。想象是一种高级的形象思维活动。想象是指人们在反复思考一个问题时,对已有的表象进行加工和重新组合而建立新形象的过程。良好的知识结构、渊博的知识、大量科研经验以及勤于思考、善于联想等都有助于提高想象力,而丰富的想象力又有助于进入创新思维的状态,就易激活潜意识,挖掘灵感源泉,从而产生灵感,激励创新思想火花。

7.3 科技论文写作与科研创新性一体化的构思

科研工作从选题立项,到完成研究计划并取得研究成果,再到撰写反映成果的学术论文(一篇或多篇)并成功发表,有的项目还需要通过鉴定或验收,才标志着某项科研课题结束。

在7.1.3中介绍了在选题中怎样构思论文引言(绪论)写作思路,下面重点阐述在开展具体研究工作的过程中,怎样构思论文主体部分的写作思路。

7.3.1 在研究过程中构思学位论文主体的写作思路

学位论文的主体部分是紧接着绪论后的第2章开始的。一般情况下,第2章的内容是对应着科研工作的理论基础、技术基础或应用基础,通常也是论文后续章节研究内容的基础。

对于不同学科、不同类型的题目,第2章的内容、形式会有较大差异。下面就较常见的情况介绍如下。

(1)研究必要的理论基础。如数学基础、专业理论基础等,这些理论基础是开展课题科研过程中用到并应掌握的,也可帮助读者需要借助这部分基础得以顺利通读全文。

(2)研究对象或系统需要的模型、方案等。如动力系统建模、控制系统方案设计、测控系统总体方案设计、机械系统结构及原理、应用新软件、新器件、新功能材料及器件等。

(3)实验对象或实验系统需要的材料、流程等。如实验装置及材料、实验系统设计、实验平台设计、试验方案设计等。

从第3章开始直到结论之前的最后一章,是反映研究工作成果的核心内容。因此,在具体开展研究工作中,就要构思如何描述问题、分析问题,用什么方法解决问题等。经过研究实践获得了成果,证明了研究思路是正确的。上述过程体现了在研究过程中构思论文主体的写作思路。

7.3.2 在论文写作中提升科技创新思维过程

课题研究工作结束后,写作科技论文主体内容的过程绝不是对研究过程流水账似的简单的记录,而是要从提出问题、分析问题,到用什么理论、方法,通过什么途径,怎样解决问题？获得什么结果？结果怎么样？好在哪里？新在哪里？怎样论证？创新在哪里？改进在哪里？还有什么不足等问题,作系统、全面、深入的论述。

撰写学位论文的主体内容贯穿着一条主线,那就是沿着解决问题的思路,突出研究过程中解决疑难问题所体现出的创新性思维方式和方法,要保持思路的连续性和思维过程的连贯性。在这方面,在一些学位论文中存在的共性问题较多,表现在没有通过引入或过渡,突然就给出一个定理,使读者不清楚为什么要提出这样的定理,是根据什么原理、采用什么样的方式得到的定理,提出定理的假设条件根据是什么,是否符合客观实际或工程实际情况等。

出现上述问题的原因在于,作者没有把写作科技论文看做科研工作的一部分,没有体会到在科技论文的主体内容中,要重点论述解决疑难问题所体现出的创新性思维方式和方法,以便对同行有所启迪。

科研过程是一个用理论指导实践,又在实践中发现理论的不完善,进而完善或发展理论的过程;也许是在利用已有理论解决新问题,或许是利用新理论来解决老问题;也许是设计新算法和新程序改进或提高计算机测控系统的运算速度和精度等。不管哪种形式的研究成果,都会在不同程度上体现出研究成果的创新性。所以说,科研成果的创新性是科研工作的价值所在,也是反映科技成果创新性的科技论文的生命线。

有不少的科技工作者会有这样的经历和经验,完成一项较大的科研项目需要花费较长的时间、较大的人力、精力和财力等。当完成科研项目并取得了预期成果后,面临写作一篇或几篇高水平学术论文的时候,同样不是一件轻松的事。虽然不一定需要搞科研工作用的那么长时间,但是反复构思、反复推敲、反复修改等,同样要经历艰苦甚至是煎熬的过程。因为写作的过程,涉及一个从实践又回到理论层面的问题。实际上,写作的过程是在为你所取得的科研成果处处在找依据,要为新成果的创新性进行严密的论证等。

科研人员从选题阶段的理性思考,到完成科研课题取得成果的具体实践,再到写作论文阶段,实际上,是从理性认识,到研究实践,再回到理论的过程。这样的过程不是简单的重复,而是要经历理论——实践——理论的螺旋式上升过程。作者在这一过程中会对研究问题进行深入思考和进一步的探索,或许产生新的认识,激发出进一步研究新的问题,或许能开辟一个新的研究方向。这样的过程就是在写作中提升了科研创新思维的过程。

第8章　撰写科技论文的学术道德规范

■ 本章首先给出了科学的概念、特性和意义,科学的三个层面,科学研究及其特性,科学研究的类型和层次;然后阐述约束科学研究活动的学术规范、学术道德和法律制度;最后给出了学术不端行为、抄袭、剽窃的定义,并列举了学术不端行为的表现形式,教育部对学位论文作假行为的界定,以及对学位论文作假行为处理办法。

8.1　科学的概念、特性和意义

《现代汉语词典》把科学解释为反映自然、社会、思维等的客观规律的分科的知识体系。《辞海》认为科学是运用范畴、定理、定律等思维形式反映现实世界各种现象的本质或规律的知识体系。此外,国外许多科学家关于科学也给出了多种形式的解释。

一般认为,科学是真实的、系统的、论证性的知识体系,是人类认识和改造自然的智慧的结晶。科学具有科学事实、科学知识和科学理论三个层面。

8.1.1　科学事实

科学事实是科学认识主体关于客观存在的、个别的事物的真实描述或判断。事实分为客观事实、经验事实和科学事实三个层面。科学事实是科学知识的基础,它有三个作用:

(1) 科学事实是形成科学概念、科学原理和建立科学理论的基础。
(2) 科学事实是验证或反驳科学假说和理论的基本手段。
(3) 科学事实是沟通新旧规范的桥梁。

8.1.2 科学知识

科学知识由科学概念、科学原理和科学假说三部分组成。

(1) 科学概念

科学概念是科学认识中反映科学事实本质属性的一种思维形式,是科学知识体系的基本思维单位,它是科学假说和理论的基础。

(2) 科学原理

科学原理是反映自然界事物、现象之间的必然联系的科学命题。科学原理是在观察和实验的基础上,借助抽象思维对科学事实进行由表及里、由此及彼、去粗取精、去伪存真的加工制作的结果,反映了认识主体对客体的局部认识或某些本质联系;科学原理有助于科学概念和科学理论的形成;科学原理是科学解释和科学预测的有效工具。

(3) 科学假说

科学假说是根据已有的科学知识核心的科学事实对所研究的问题做出的一种猜测性的陈述。它是人们将认识从已知推向未知,进而变未知为已知的必不可少的思维方法,是科学发展的一种重要形式。

8.1.3 科学理论

科学概念、科学原理和科学推论是构成科学理论的基本要素。科学概念是科学原理的基本构成部分,科学原理是联系科学概念的命题或判断,而科学推论则是由这些概念、定律和原理推演出来的逻辑结论。从认识过程来看,科学理论是科学认识的成熟阶段和高级形态。因此,科学理论往往以更抽象和更完整的理论模型和数学模型等形式存在。作为科学认识的高级形态,科学理论具有真实性、系统性、逻辑性。

(1) 真实性。科学最本质的特性是它的真实性,也就是它的客观性。

(2) 系统性。科学理论是知识组成的体系,是由相互连贯、符合逻辑的知识组成的,能够相对完整的解释客观世界中的一类问题。

(3) 逻辑性。知识是按照一定的规则建立起来的完整的知识系统。一门科学首先由定义和假设开始,在此基础上按照严谨的逻辑推理得出。这个特性就是科学理论的逻辑性。

科学的意义在于用科学去正确认识世界,推动生产力发展,让人们生活得更美好。

8.2 科学研究及其特征

8.2.1 科学研究的概念与特征

科学研究是人类探究自然现象和规律,并按照自己的意志改造自然的一种创造性的智力活动,是创造、修改、综合知识的探索行为。

科学研究不但要发现自然规律,而且要探索这些规律之间的联系,建立一套理论,由此推断出未知的规律,还要利用这些规律改善人类的生活。科学研究是人类发现科学、掌握科学和应用科学的实践活动,包括科学实验、生产实践和社会实践活动。

由于科学是真实的、系统的、论证性的知识体系,这就决定了科学研究是唯物的、长期的、逻辑的过程。

科学是描述客观事实的科学研究,是发现客观规律的。因此,科学研究总是从实践与已有理论的矛盾开始,从问题开始,从对问题的研究中猜想可能的结果,然后再在实践中给予证实,然后再从新的矛盾开始,重复这个过程。从这点看实践贯穿于科学研究的全过程。

科学研究具有如下三个特征:

(1) 社会性

科研活动是发现自然规律、应用自然规律,改造自然的伟大社会实践活动。科研人员进行科学研究涉及的知识面较广,实践活动多样化,需要与同行交流等。所以,科学远非是自我封闭或自我满足的事业,从来就是一项社会性事业。科学研究不能不吸收别人的工作,不能不与他人合作。它不可避免地以满足社会某种需求为背景。正是这样的社会背景为科学研究提供了研究对象、动力和方向,最终决定了科学家个人工作的意义和社会责任。

(2) 创造性

创造是科学研究的灵魂,创造是检验科学研究成效的唯一标准。创造性不仅在于提出一个新的概念,更在于建立新的理论,以解决原有理论不能解决的问题,科学创造还包括新的方法。

科学理论是揭示自然规律的,科学方法提供研究自然规律的方法,在科学技术高度发展的今天,研究方法很重要,因此,科学方法的创新显得更为重要。因为科学知识本身不可能不出错,经过较长时间的发展,较好的方法取代了低效或不太好的方法,促进了研究方法和科学知识同时进步。

(3)艰苦性

虽然自然规律是一种客观存在,但它往往隐藏在现象的背后,要想发现它的秘密,绝不是轻而易举的事,必须花大力气,要钻进去,要耐得住寂寞,要经过长期艰苦的工作,才有可能取得预期的成果。

科学研究,除了给人新发现的兴奋外,还带来其他的满足,但有时也会带来挫折和失望。在科学研究中,困难、挫折,甚至失败是不可避免的。无论是年轻的科学工作者,还是资深的科学家同样都要面临这样的考验。

8.2.2 科学研究的类型与层次

科学研究的类型有如下三种类型:

(1)基础研究

基础研究是指为了认识的目的而获取自然规律、原理的新知识所进行的创造性研究。通过科学观测实验或理论探讨解释自然现象,探索未被认识的规律,建立新理论,属于基础科学的理论研究。基础研究为应用基础研究和开发研究提供理论基础。

(2)应用基础研究

应用基础研究主要是指为了实现某一特定的或具体的应用目的或目标而获取应用原理、规律的新知识所进行的独创性研究。

(3)开发研究

开发研究多指产品开发,是指个人、科研机构、企业、学校、金融机构等,创造性研制新产品、新工艺、新流程、新规范等,或者改良原有产品。产品开发的方法可以为发明、组合、技术革新、商业模式创新或改革等方法。

科学研究分为四个层次:科学发现,科技发明,科学理论,哲学思辨。

8.2.3 学术成果的定义、形式及特点

学术成果是指人们通过科学研究活动,如理论推证、实验观察、科学观测、

科学考察、调查研究、综合分析、技术革新、研制开发、生产考核等一系列脑力和体力劳动所取得的,并经过同行专家评定或鉴定,或在公开的学术刊物上发表,确认具有一定的学术意义或实用价值的创新性结果。

学术成果包括以下三类形式:

一次文献:学术专著、学位论文、学术论文、发明专利、技术标准、手稿、原始记录等;

二次文献:文摘、索引、目录等;

三次文献:文献综述、情报述评、学术教材、学术工具书等。

学术成果必须同时具有新颖性、先进性和实用价值或学术价值。具体说明如下:

(1)新颖性

新颖性指在发现新物质、阐明物质运动规律方面,应有新的内容和创见;对已知原理的应用,应是开拓新的领域或在技术发展中的新的突破等。

(2)先进性

先进性指成果的技术水平或学术水平必须是先进的。确定一项成果是否具有先进性,需用该成果与此前的同类成果的学术水平或技术水平比较,证明该成果具有突出的特点和明显的进步。

(3)实用价值

实用价值包括经济价值和社会价值或学术价值,指成果可以在国民经济或国防建设上得到应用,可获得显著的经济或社会效果,或在科学上具有一定的学术意义。

8.3 约束科学研究活动的道德规范

科学工作者应具有良知,良知指与生俱来就应该知道的道理。科学工作者的良知表现在应有社会责任感,应该明确从事的研究工作有利于推动社会进步,为人类造福,而不是为反动服务,不应该对人民造成危害。

科学工作者应该诚信,即诚实、讲信用和注重名誉,要实事求是,对他人成果客观、公平评价。

科研工作者从事科学研究时,都应该遵守一定的科研道德、科研规范和相关的法律。

约束科学研究活动有道德、规范和法律三个层次,分别说明如下。

8.3.1 法律制度

法律是立法机关制定,国家政权保证执行的行为规则。

与科学研究有关的法律制度有著作权法、专利法、技术合同法、知识产权法、商标法、刑事法律等。科研工作者从事科学研究时应该自觉遵守这些法律。

8.3.2 学术规范

学术指系统的较专门的学问,而规范是指约定俗成或明文规定的标准。

学术规范是从事学术活动的行为规范,是学术共同体成员必须遵守的准则和一种自觉约束机制。学术共同体成员只有遵守学术规范,才能在学术共同体中得到认可,如果违反了学术规范,就要受到否定。

所谓学术共同体是指一群志同道合的学者,遵守共同的道德规范,相互尊重、相互联系、相互影响,共同推动学术发展,从而形成的群体。

8.3.3 学术道德

道德就是人类社会生活中所特有的,由经济关系决定的,依靠社会舆论、传统习惯和人们的内心信念来维系的,并以善恶进行评价的原则规范、心理意识和行为活动的总和。

学术道德是科研工作者在科研活动中的道德,是一种特殊的职业道德。学术道德规范是指科研人员在科学研究活动中,思想和行为所应遵循的道德规范及其价值准则。

8.4 学术道德及其衡量标准

什么是科技论文写作中的学术道德问题?学术道德是一套用于指导科技人员如何正确使用知识、资源和交流手段,从事有利于促进学术交流、推动科学技术进步和社会进步的学术行为规则和标准。

在科技论文写作中,学术道德体现在以下多个方面:

(1) 科技论文必须准确。遵守学术道德的作者必须在任何时候都保持内容准确,否则就是不道德的。

(2) 科技论文的作者必须诚实。撰写不真实内容是不道德的。

(3) 作者必须承担自己的义务。不能在约定的期限内完成或修改完稿件是不道德的。

(4) 不能把虚假的传说当成事实。把个人观点和大家普遍接受的理论混为一谈是不道德的。

(5) 不能用含糊不清的表象掩盖真相。删除或贬低与理论不相符的事实是不道德的。

(6) 不得在未做适当标注情况下利用他人的思想。科技工作者除公共知识外,不说明非原创思想的来源,是不道德的。

(7) 有版权的材料在使用或合理使用时不加申明,是不道德的。

(8) 不能篡改数据或数据的图形表示,使用不当的统计数据等是不道德的。

(9) 在科技论文中掺入个人偏见、违背客观性是不道德的。

总之,要想科技论文表现得好(be good),必须科研工作做得好(do good)。

8.5 学术不端行为及其表现

8.5.1 学术不端的定义

1992年,由美国国家科学院、工程院和医学研究院组成的22位科学家小组给出学术不端的定义为:在申请课题、实施研究和报告结果的过程中出现的伪造、篡改或抄袭行为。2007年,我国颁布的《科技工作者科学道德规范(试行)》对学术不端行为定义为:在科学研究和学术活动中的各种造假、抄袭、剽窃和其他违背科学共同体惯例的行为。

2010年,教育部科学技术委员会学风建设委员会组编《高等学校科学技术学术规范指南》指出:抄袭是指将他人作品的全部或部分,以或多或少改变形式或内容的方式当作自己的作品发表;剽窃是指未经他人同意或授权,将他人的语言文字、图表公式或研究观点,经过编辑、拼凑、修改后加入到自己的论文、著作、项目申请书、项目结题报告、专利文件、数据文件、计算机程序代码等材料中,并当作自己的成果而不加引用的公开发表。

尽管"抄袭"与"剽窃"没有本质的区别,在法律上被并列规定为同一性质的侵权行为,其英文表达也同为 plagiarize,但二者在侵权方式和程度上还是有所差别的:抄袭是指行为人不适当引用他人作品以自己的名义发表的行为;而剽窃则是行为人通过删节、补充等隐蔽手段将他人作品改头换面而没有改变原有作品的实质性内容,或窃取他人的创作(学术)思想或未发表成果作为自己的作品发表。抄袭是公开的照搬照抄,而剽窃却是偷偷地、暗地里进行的。

8.5.2 学术不端行为表现形式

邹承鲁院士被称为学术道德的卫士,他将学术道德的弊端行为归纳为7点:

(1) 抄袭剽窃他人成果。

(2) 伪造篡改实验数据。

(3) 随意侵占他人科研成果。

(4) 重复发表论文。

(5) 学术论文质量降低和育人不负责任。

(6) 学术评审和项目申报中突出个人利益。

(7) 过分追求名利,助长浮躁之风。

此外,还可以举一些学术不端行为的种种表现。

(1) 学术论文署名随便,代人写论文。

(2) 一稿两投或多投。《中华人民共和国著作权法》要求不得将同一研究成果提交多个出版机构或提交多个出版物同时评审和重复发表。

(3) 学术论文注水,一篇论文中有较多相同内容已在另一篇论文发表过,致使论文含金量低下。

(4) 博士论文答辩时提供的论文与后来发表的论文署名不一致。

(5) 论文中引用部分的参考文献标注不当或标注不清楚,或只列出参考文献,而在正文中未加标注。具体哪一段、哪一部分、哪个公式引用含糊不清。

(6) 过度引用他人成果,引用部分明显多于属于自己成果的内容。

8.6 学位论文作假行为处理办法

为规范学位论文管理,推进建立良好学风,提高人才培养质量,严肃处理学位论文作假行为,根据《中华人民共和国学位条例》《中华人民共和国高等教育法》,教育部制定了《学位论文作假行为处理办法》,并于2013年1月1日施行。

《学位论文作假行为处理办法》指出:向学位授予单位申请博士、硕士、学士学位所提交的博士学位论文、硕士学位论文和本科学生毕业论文(毕业设计或其他毕业实践环节)(统称为学位论文),出现学位论文作假行为包括下列情形:

(1)购买、出售学位论文或者组织学位论文买卖的。
(2)由他人代写、为他人代写学位论文或者组织学位论文代写的。
(3)剽窃他人作品和学术成果的。
(4)伪造数据的。
(5)有其他严重学位论文作假行为的。

学位申请人员的学位论文出现购买、由他人代写、剽窃或者伪造数据等作假情形的,学位授予单位可以取消其学位申请资格;已经获得学位的,学位授予单位可以依法撤销其学位,并注销学位证书。取消学位申请资格或者撤销学位的处理决定应当向社会公布。从做出处理决定之日起至少3年内,各学位授予单位不得再接受其学位申请。

前款规定的学位申请人员为在读学生的,其所在学校或者学位授予单位可以给予开除学籍处分;为在职人员的,学位授予单位除给予纪律处分外,还应当通报其所在单位。

为他人代写学位论文、出售学位论文或者组织学位论文买卖、代写的人员,属于在读学生的,其所在学校或者学位授予单位可以给予开除学籍处分;属于学校或者学位授予单位的教师和其他工作人员的,其所在学校或者学位授予单位可以给予开除处分或者解除聘任合同。

指导教师未履行学术道德和学术规范教育、论文指导和审查把关等职责,其指导的学位论文存在作假情形的,学位授予单位可以给予警告、记过处分;情节严重的,可以降低岗位等级直至给予开除处分或者解除聘任合同。

参考文献

[1] 钱学森.关于思维科学[M].上海:上海人民出版社,1986.

[2] 邵志芳.思维心理学[M].上海:华东师范大学出版社,2001.

[3] 苗东升.系统科学精要[M](第2版).北京:中国人民大学出版社,2006.

[4] 李士勇.非线性科学及其应用[M].哈尔滨:哈尔滨工业大学出版社,2011.

[5] 谢新观,王道君.哲学原理[M](第2版).北京:中国广播电视大学出版社,2003.

[6] 黄金南,彭纪南,杨长桂.科学发现与科学方法[M].武昌:华中工学院出版社,1983.

[7] 帕特里克·邓利维.博士论文写作技巧:博士论文的计划、起草、写作和完成[M].赵欣,译.大连:东北财经大学出版社,2009.

[8] 金坤林.如何撰写和发表SCI期刊论文[M].北京:科学出版社,2008.

[9] 张孙玮,吕伯昇,张迅.科技论文写作入门[M].北京:化学工业出版社,2005.

[10] 王文玷,田保杰,赵东元,等.科技论文写作与发表[M].北京:国防工业出版社,2007.

[11] 石立华,苏航,吴晓峰,等.科技写作方法[M].北京:国防工业出版社,2006.

[12] 田新华.论学术论文的撰写[J].山东理工大学学报:社会科学版,2003,(5):97-99.

[13] 吴勃.科技论文写作教程[M].北京:中国电力出版社,2006.

[14] 赵大良,科研论文写作新解:以主编和审稿人的视角[M].西安:西安交通大学出版社,2011.

［15］ 冯 坚,王英萍,韩正之.科学研究的道德与规范[M].上海:上海交通大学出版社,2007.

［16］ 中国科学院.科研活动道德规范读本(试用本)[M].北京:科学出版社,2009.

［17］ 教育部科学技术委员会学风建设委员会.高等学校科学技术学术规范指南[M].北京:中国人民大学出版社,2010.

［18］ 美国科学院,美国工程院,美国医学科学院,等.怎样当一名科学家:科学研究中的负责行为[M].何传启,译. 北京:科学出版社 1996.

［19］ 新闻出版总署科技发展司,新闻出版总署图书出版管理司,中国标准出版社.作者编辑常用标准及规范(第3版)[M].北京:中国标准出版社,2009.

附录1　中华人民共和国法定计量单位

(摘自中华人民共和国国家标准 GB3101—93《有关量、单位和符号的一般原则》)

我国的法定计量单位(以下简称法定单位)包括：
(1) 国际单位制的基本单位：见表1；
(2) 国际单位制的辅助单位：见表2；
(3) 国际单位制中具有专门名称的导出单位：见表3；
(4) 可与国际单位制单位并用的我国法定计量单位：见表4；
(5) 由以上单位构成的组合形式的单位；
(6) 用于构成国际单位十进倍数和分数单位的词头：见表5。
法定单位的定义、使用方法等，由国家计量局另行规定。

表1　国际单位制的基本单位

量的名称	单位名称	单位符号
长度	米	m
质量	千克(公斤)	kg
时间	秒	s
电流	安[培]	A
热力学温度	开[尔文]	K
物质的量	摩[尔]	mol
发光强度	坎[德拉]	cd

表2 国际单位制的辅助单位

量的名称	单位名称	单位符号
[平面]角	弧度	rad
立体角	球面度	sr

表3 国际单位制中具有专门名称的导出单位

量的名称	单位名称	单位符号	其他表示实例
频率	赫[兹]	Hz	$1\ Hz = 1\ s^{-1}$
力	牛[顿]	N	$1\ N = 1\ kg \cdot m/s^2$
压力,压强,应力	帕[斯卡]	Pa	$1\ Pa = 1\ N/m^2$
能[量],功,热量	焦[耳]	J	$1\ J = 1\ N \cdot m$
功率,辐[射能]通量	瓦[特]	W	$1\ W = 1\ J/s$
电荷[量]	库[仑]	C	$1\ C = 1\ A \cdot s$
电压,电动势,电位,(电势)	伏[特]	V	$1\ V = 1\ W/A$
电容	法[拉]	F	$1\ F = 1\ C/V$
电阻	欧[姆]	Ω	$1\ \Omega = 1\ V/A$
电导	西[门子]	S	$1\ S = 1\ \Omega^{-1}$
磁通[量]	韦[伯]	Wb	$1\ Wb = 1\ V \cdot s$
磁通[量]密度,磁感应强度	特[斯拉]	T	$1\ T = 1\ Wb/m^2$
电感	亨[利]	H	$1\ H = 1\ Wb/A$
摄氏温度	摄氏度	℃	$1\ ℃ = 1\ K$
光通量	流[明]	lm	$1\ lm = 1\ cd \cdot sr$
[光]照度	勒[克斯]	lx	$1\ lx = 1\ lm/m^2$
[放射性]活度,比授(予)能,比释动能	贝可[勒尔]	Bq	$1\ Bq = 1\ s^{-1}$
吸收剂量	戈[瑞]	Gy	$1\ Gy = 1\ J/kg$
剂量当量	希[沃特]	Sv	$1\ Sv = 1\ J/kg$

表4 可与国际单位制单位并用的我国法定计量单位

量的名称	单位名称	单位符号	与国际单位制的换算关系
时间	分	min	$1\ min = 60\ s$
	[小]时	h	$1\ h = 60\ min = 3\ 600\ s$
	天[日]	d	$1\ d = 24\ h = 86\ 400\ s$

续表4

量的名称	单位名称	单位符号	换算关系和说明
[平面]角	度	(°)	$1' = (1/60)° = (\pi/10\,800)\,rad$
	[角]分	(′)	$1° = (\pi/180)\,rad$
	[角]秒	(″)	$1'' (1/60)' = (\pi/648\,000)\,rad$
旋转速度	转每分	r/min	$1\,r/min = (1/60)\,s^{-1}$
长度	海里	n mile	$1\,n\,mile = 1\,852\,m$(只用于航程)
速度	节	kn	$1\,kn = 1\,n\,mile/h$ $= (1\,852/3\,600)\,m/s$(只用于航程)
质量	吨	t	$1\,t = 10^3\,kg$
	原子质量单位	u	$1u \approx 1.660\,565\,5 \times 10^{-27}\,kg$
体积	升	L, (l)	$1L = 1\,dm^3 = 10^{-3}\,m^3$
能	电子伏	eV	$1\,eV \approx 1.602\,189\,2 \times 10^{-19}\,J$
级差	分贝	dB	
线密度	特[克斯]	tex	$1tex = 1g/km$
面积	公顷	hm^2	$1\,hm^2 = 10^4\,m^2$

表5 用于构成国际单位十进倍数和分数单位的词头

因数	词头名称		符号
	英文	中文	
10^{24}	yotta	尧[它]	Y
10^{21}	zetta	泽[它]	Z
10^{18}	exa	艾[可萨]	E
10^{15}	peta	拍[它]	P
10^{12}	tera	太[拉]	T
10^{9}	giga	吉[咖]	G
10^{6}	mega	兆	M
10^{3}	kilo	千	k
10^{2}	hecto	百	h
10^{1}	deca	十	da
10^{-1}	deci	分	d
10^{-2}	centi	厘	c
10^{-3}	milli	毫	m
10^{-6}	micro	微	μ
10^{-9}	nano	纳[诺]	n
10^{-12}	pico	皮[可]	p

续表 5

因数	词头名称		符号
	英文	中文	
10^{-15}	femto	飞[母托]	f
10^{-18}	atto	阿[托]	a
10^{-21}	zepto	仄[普托]	z
10^{-24}	yocto	幺[科托]	y

注:1. 周、月、年(年的符号为 a)为一般常用时间单位。

2. [ ]内的字,是在不致混淆的情况下,可以省略的字。

3. ( )内的字为前者的同义语。

4. 角度单位度、分、秒的符号不处于数字后时,用括弧。

5. 升的符号中,小写字母 l 为备用符号。

6. r 为"转"的符号。

7. 人民生活和贸易中,质量习惯称为重量。

8. 公里为千米的俗称,符号为 km。

9. 10^4 称为万,10^8 称为亿,10^{12} 称为万亿,这类数词的使用不受词头名称的影响,但不应与词头混淆。

附录2　出版物上数字用法

（全文引自：国家标准 GB/T 15835—2011《出版物上数字用法》）

前　言

本标准按照 GB/T 1.1—2009 给出的规则起草。

本标准代替 GB/T 15835—1995《出版物上数字用法的规定》，与 GB/T 15835—1995《出版物上数字用法的规定》相比，主要变化如下：

——原标准在汉字数字与阿拉伯数字中，明显倾向阿拉伯数字，本标准不再强调这种倾向性。

——在继承原标准中关于数字用法应遵循"得体原则"和"局部体例一致原则"的基础上，通过措辞上的适当调整，以及更为具体的规定和示例，进一步明确了具体操作规范。

——将原标准的平级罗列式结构改为层级分类式行文结构。

——删除了原标准的基本术语"物理量"与"非物理量"，增补了"计量""编号""概数"作为基本术语。

本标准由教育部语言文字信息管理局提出并归口。

本标准主要起草单位：北京大学。

本标准主要起草人：詹卫东，覃士娟，曾石铭。

本标准代替标准的历次版本发布情况为：

——GB/T 15835—1995。

1. 范围

本标准规定了出版物上汉字数字和阿拉伯数字的用法。

本标准适用于各类出版物（文艺类出版物和重排古籍除外）。政府和企事业单位公文，以及教育、媒体和公共服务领域的数字用法，也可参照本标准执行。

2. 规范性引用文件

下列文件对于本文件的应用是必不可少的。凡是注日期的引用文件,仅注日期的版本适用于本文件。凡是不注日期的引用文件,其最新版本(包括所有的修改单)适用于本文件。

GB/T 7408—2005 数据元和交换格式　信息交换　日期和时间表示法

3. 术语和定义

下列术语和定义适用于本文件。

3.1

计量

将数字用于加、减、乘、除等数学运算。

3.2

编号

将数字用于为事物命名或排序,但不用于数学运算。

3.3

概数

用于模糊计量的数字。

4. 数字形式的选用

4.1　选用阿拉伯数字

4.1.1　用于计量的数字

在使用数字进行计量的场合,为达到醒目、易于辨识的效果,应采用阿拉伯数字。

示例1：-125.03　34.05%　63%～68%　1:500　97/108

当数值伴随有计量单位时,如:长度、容积、面积、体积、质量、温度、经纬度、音量、频率等,特别是当计量单位以字母表达时,应采用阿拉伯数字。

示例2：523.56 km(523.56 千米)　　　346.87 L(346.87 升)
　　　　5.34 m^2(5.34 平方米)　　　567 mm^3(567 立方毫米)
　　　　605g(605 克)　　　　　　　100～150kg(100～150 千克)
　　　　34～39℃(34～39 摄氏度)　　北纬40°(40 度)
　　　　120 dB(120 分贝)

4.1.2　用于编号的数字

在使用数字进行编号的场合,为达到醒目、易于辨识的效果,应采用阿拉伯数字。

示例:电话号码:98888
　　　邮政编码:100871
　　　通信地址:北京市海淀区复兴路 11 号
　　　电子邮件地址:x186@186.net
　　　网页地址:http://127.0.0.1
　　　汽车号牌:京 A00001
　　　公交车号:302 路公交车
　　　道路编号:101 国道
　　　公文编号:国办发[1987]9 号
　　　图书编号:ISBN 978-7-80184-224-4
　　　刊物编号:CN11-1399
　　　章节编号:4.1.2
　　　产品型号:PH-3000 型计算机
　　　产品序列号:C84XB-JYVFD-P7HC4-6XKRJ-7M6XH
　　　单位注册号:02050214
　　　行政许可登记编号:0684D10004-828

4.1.3　已定型的含阿拉伯数字的词语

现代社会生活中出现的事物、现象、事件,其名称的书写形式中包含阿拉伯数字,已经广泛使用而稳定下来,应采用阿拉伯数字。

示例:3G 手机　　MP3 播放器　　G8 峰会　　维生素 B_{12}　　97 号汽油　　"5·27"事件　　"12·5"枪击案

4.2　选用汉字数字

4.2.1　非公历纪年

干支纪年、农历月日、历史朝代纪年及其他传统上采用汉字形式的非公历纪年等,应采用汉字数字。

示例:丙寅年十月十五日　　　　　庚辰年八月五日
　　　腊月二十三　　　　　　　　正月初五
　　　八月十五中秋　　　　　　　秦文公四十四年
　　　太平天国庚申十年九月二十四日　　清咸丰十年九月二十日
　　　藏历阳木龙年八月二十六日　　　日本庆应三年

4.2.2　概数

数字连用表示的概数、含"几"的概数,应采用汉字数字。

示例：三四个月　　　　一二十个　　　　四十五六岁
　　　五六万套　　　　五六十年前　　　几千
　　　二十几　　　　　一百几十　　　　几万分之一

4.2.3　已定型的含汉字数字的词语

汉语中长期使用已经稳定下来的包含汉字数字形式的词语,应采用汉字数字。

示例：万一　一律　一旦　三叶虫　四书五经　星期五　四氧化三铁
　　　八国联军　七上八下　一心一意　不管三七二十一　一方面
　　　二百五　半斤八两　五省一市　五讲四美　相差十万八千里
　　　八九不离十　白发三千丈　不二法门　二八年华　五四运动
　　　"一·二八"事变　"一二·九"运动

4.3　选用阿拉伯数字与汉字数字均可

如果表达计量或编号所需要用到的数字个数不多,选择汉字数字还是阿拉伯数字在书写的简洁性和辨识的清晰性两方面没有明显差异时,两种形式均可使用。

示例1：17 号楼(十七号楼)　3 倍(三倍)　第 5 个工作日(第五个工作日)
　　　100 多件(一百多件)　20 余次(二十余次)　约 300 人(约三百人)
　　　40 天左右(四十天左右)　50 上下(五十上下)　50 多人(五十多人)
　　　第 25 页(第二十五页)　第 8 天(第八天)　第 4 季度(第四季度)
　　　第 45 份(第四十五份)　共 235 位同学(共二百三十五位同学)
　　　0.5(零点五)　76 岁(七十六岁)　120 周年(一百二十周年)
　　　1/3(三分之一)　公元前 8 世纪(公元前八世纪)
　　　20 世纪 80 年代(二十世纪八十年代)
　　　公元 253 年(公元二五三年)
　　　1997 年 7 月 1 日(一九九七年七月一日)
　　　下午 4 点 40 分(下午四点四十分)
　　　4 个月(四个月)　12 天(十二天)

如果要突出简洁醒目的表达效果,应使用阿拉伯数字;如果要突出庄重典雅的表达效果,应使用汉字数字。

示例2：北京时间 2008 年 5 月 12 日 14 时 28 分
　　　十一届全国人大一次会议(不写为"11 届全国人大 1 次会议")
　　　六方会谈(不写为"6 方会谈")

在同一场合出现的数字,应遵循"同类别同形式"原则来选择数字的书写形式。如果两数字的表达功能类别相同(比如都是表达年月日时间的数字),或者两数字在上下文中所处的层级相同(比如文章目录中同级标题的编号),应选用相同的形式。反之,如果两数字的表达功能不同,或所处层级不同,可以选用不同的形式。

  示例 3:2008 年 8 月 8 日 二〇〇八年八月八日(不写为"二〇〇八年 8 月 8 日")

  第一章 第二章……第十二章(不写为"第一章 第二章……第 12 章")

  第二章的下一级标题可以用阿拉伯数字编号:2.1,2.2,……

应避免相邻的两个阿拉伯数字造成歧义的情况。

  示例 4:高三 3 个班 高三三个班 (不写为"高 33 个班")

    高三 2 班 高三(2)班 (不写为"高 32 班")

有法律效力的文件、公告文件或财务文件中可同时采用汉字数字和阿拉伯数字。

  示例 5:2008 年 4 月保险账户结算日利率为万分之一点五七五零(0.015750%)

    35.5 元(35 元 5 角 三十五元五角 叁拾伍圆伍角)

5. 数字形式的使用

5.1 阿拉伯数字的使用

5.1.1 多位数

为便于阅读,四位以上的整数或小数,可采用以下两种方式分节:

——第一种方式:千分撇

整数部分每三位一组,以","分节。小数部分不分节。四位以内的整数可以不分节。

  示例 1:624,000 92,300,000 19,351,235.235767 1256

——第二种方式:千分空

从小数点起,向左和向右每三位数字一组,组间空四分之一个汉字,即二分之一个阿拉伯数字的位置。四位以内的整数可以不加千分空。

  示例 2:55 235 367.346 23 98 235 358.238 368

注:各科学技术领域的多位数分节方式参照 GB 3101—1993 的规定执行。

5.1.2 纯小数

纯小数必须写出小数点前定位的"0",小数点是齐阿拉伯数字底线的实心点"."。

示例:0.46 不写为.46 或 0。46

5.1.3 数值范围

在表示数值的范围时,可采用波浪式连接号"~"或一字线连接号"—"。前后两个数值的附加符号或计量单位相同时,在不造成歧义的情况下,前一个数值的附加符号或计量单位可省略。如果省略数值的附加符号或计量单位会造成歧义,则不应省略。

示例: -36 ~ -8℃　400—429 页　100—150kg　12 500 ~ 20 000 元

9 亿 ~ 16 亿(不写为 9 ~ 16 亿)

13 万元 ~ 17 万元(不写为 13 ~ 17 万元)

15% ~ 30% (不写为 15 ~ 30%)

$4.3 \times 10^6 \sim 5.7 \times 10^6$ (不写为 $4.3 \sim 5.7 \times 10^6$)

5.1.4 年月日

年月日的表达顺序应按照口语中年月日的自然顺序书写。

示例 1:2008 年 8 月 8 日　　1997 年 7 月 1 日

"年""月"可按照 GB/T 7408—2005 的 5.2.1.1 中的扩展格式,用"-"替代,但年月日不完整时不能替代。

示例 2:2008 - 8 - 8　1997 - 7 - 1　8 月 8 日(不写为 8 - 8)

2008 年 8 月(不写为 2008 - 8)

四位数字表示的年份不应简写为两位数字。

示例 3:"1990 年"不写为"90 年"

月和日是一位数时,可在数字前补"0"。

示例 4:2008 - 08 - 08　　1997 - 07 - 01

5.1.5 时分秒

计时方式即可采用 12 小时制,也可采用 24 小时制。

示例 1:11 时 40 分(上午 11 时 40 分)

21 时 12 分 36 秒(晚上 9 时 12 分 36 秒)

时分秒的表达顺序应按照口语中时、分、秒的自然顺序书写。

示例 2:15 时 40 分　　14 时 12 分 36 秒

"时""分"也可按照 GB/T 7408—2005 的 5.3.1.1 和 5.3.1.2 中的扩展格式,用":"替代。

示例 3:15:40　　　　14:12:36

5.1.6 含有月日的专名

含有月日的专名采用阿拉伯数字表示时,应采用间隔号"·"将月、日分开,并在数字前后加引号。

示例:"3·15"消费者权益日

5.1.7 书写格式

5.1.7.1 字体

出版物中的阿拉伯数字,一般应使用正体二分字身,即占半个汉字位置。

示例:234　　　　57.236

5.1.7.2 换行

一个用阿拉伯数字书写的数值应在同一行中,避免被断开。

5.1.7.3 竖排文本中的数字方向

竖排文字中的阿拉伯数字按顺时针方向转 90 度。旋转后要保证同一个词语单位的文字方向相同。

示例:

> 示例一
> 雪花牌BCD188型家用电冰箱容量是一百八十升,功率为一百二十五瓦,市场售价两千零五十元,返修率仅为百分之零点一五。

> 示例二
> 海军J12号打捞救生船在太平洋上航行了十三天,于一九九〇年八月零时三十分返回基地。

5.2 汉字数字的使用

5.2.1 概数

两个数字连用表示概数时,两数之间不用顿号"、"隔开。

示例:二三米　一两个小时　三五天　一二十个　四十五六岁

5.2.2 年份

年份简写后的数字可以理解为概数时,一般不简写。

示例:"一九七八年"不写为"七八年"

5.2.3 含有月日的专名

含有月日的专名采用汉字数字表示时,如果涉及一月、十一月、十二月,应用间隔号"·"将表示月日的数字隔开,涉及其他月份时,不用间隔号。

示例:"一·二八"事变 "一二·九"运动 五一国际劳动节

5.2.4 大写汉字数字

——大写汉字数字的书写形式

零、壹、贰、叁、肆、伍、陆、柒、捌、玖、拾、佰、仟、万、亿

——大写汉字数字的适用场合

法律文书和财务票据上,应采用大写汉字数字形式记数。

示例:3,504元(叁仟伍佰零肆圆) 39,148元(叁万玖仟壹佰肆拾捌圆)

5.2.5 "零"和"〇"

阿拉伯数字"0"有"零"和"〇"两种汉字书写形式。一个数字用作计量时,其中"0"的汉字书写形式为"零",用作编号时,"0"的汉字书写形式为"〇"。

示例:"3052(个)"的汉字数字形式为"三千零五十二"(不写为"三千〇五十二") "95.06"的汉字数字形式为"九十五点零六"(不写为"九十五点〇六") "公元2012(年)"的汉字数字形式为"二〇一二"(不写为"二零一二")

5.3 阿拉伯数字与汉字数字同时使用

如果一个数值很大,数值中的"万""亿"单位可以采用汉字数字,其余部分采用阿拉伯数字。

示例1:我国1982年人口普查人数为10亿零817万5 288人。

除上面情况之外的一般数值,不能同时采用阿拉伯数字与汉字数字。

示例2:108可以写作"一百零八",但不应写作"1百零8""一百08"
    4 000可以写作"四千",但不应写作"4千"

附录3　文后参考文献著录规则

（摘引自：国家标准 GB/T7714—2005《文后参考文献著录规则》）

1. 文献类型及电子文献载体标志代码

表1　文献类型和标志代码

文献类型	标志代码
普通图书	M
会议录、论文集	C
汇编	G
报纸	N
期刊	J
学位论文	D
报告	R
标准	S
专利	P
数据库	DB
计算机程序	CP
电子公告	EB

表2　电子文献载体和标志代码

电子文献载体类型	标志代码
磁带（magnetic tape）	MT
磁盘（disk）	DK
光盘（CD-ROM）	CD
联机网络（online）	OL

2. 著录细则

2.1 主要责任者或其他责任者

2.1.1 个人著者采用姓在前名在后的著录形式。欧美著者的(姓在前不缩写,全部大写)名可以用缩写字母,缩写名后省略缩写点。欧美著者的中译名可以只著录其姓;同姓不同名的欧美著者,其中译名不仅要著录其姓,还需著录其名。用汉语拼音书写的中国著者姓名不得缩写。

示例1:李时珍 （原题:李时珍）

示例2:韦杰 （原题:伏尔特·韦杰）

示例3:昂温 P S （原题:P. S. 昂温）

示例4:EINSTEIN A （原题:Albert Einstein）

2.1.2 著作方式相同的责任者不超过3个时,全部照录。超过3个时,只著录前3个责任者,其后加",等"或与之相应的词。

示例:YELLAND R L, JONES S C, EASTON K S, et al

2.1.3 无责任者或责任者情况不明的文献,"主要责任者"项应注明"佚名",或与之相应的词。凡采用顺序编码制排列的参考文献可省略此项,直接著录题名。

示例:Anon. 1981. Coffee drinking and cancer of the pancreas[J]. Br med J, 283:628.

2.1.4 凡是对文献负责的机关团体名称通常根据著录信息源著录。用拉丁文书写的机关团体名称应由上至下分级著录。

示例1:中国科学院物理研究所

示例2:Stanford University. Department of Civil Engineering

2.2 题名

题名包括书名、刊名、报纸名、专利题名、科技报告名、标准文献名、学位论文名、析出的文献名等。题名按著录信息源所载的内容著录。

2.2.1 同一责任者的多个合订题名,著录前3个合订题名。对于不同责任者的多个合订题名,可以只著录第一个或处于显要位置的合订题名。在参考文献中不著录并列题名。

示例:自己的园地;雨天的书(原题:自己的园地 雨天的书 周作人著)

2.2.2 文献类型和标志代码、电子文献载体和标志代码分别依据1. 文献类型及电子文献载体标志代码中表1和表2著录。

2.2.3　其他书名信息可根据文献外部特征的揭示情况决定取舍,包括副题名,说明题名文字,多卷书的分卷书名、卷次、册次等。

　　示例1:地壳运动假说:从大陆漂移到板块构造
　　示例2:中国科学:D辑　地球科学

2.3　版本

第1版不著录,其他版本说明需著录。版本用阿拉伯数字、序数缩写形式或其他标志表示。古籍的版本可著录"写本""抄本""刻本""活字本"等。

　　示例1:3版　　　(原题:第三版)
　　示例2:5 th ed　　(原题:Fifth edition)

2.4　出版项

出版项按出版地、出版者、出版日期顺序著录。

　　示例1:北京:科学出版社,1985
　　示例2:New York：Academic Press,1978

2.4.1　出版地

出版地著录出版者所在地的城市名。对同名异地或不被人们熟悉的城市名,应在城市名后附省名、州名或国名等限定语。

文献中载有多个出版地,只著录第一个或处于显要位置的出版地。

无出版地的中文文献著录"出版地不详",外文文献著录"S.l.",并置于方括号内。如果通过计算机网络存取的联机电子文献无出版地,可以省略此项。

2.4.2　出版者

出版者可以按著录信息源所载的形式著录,也可以按国际公认的简化形式或缩写形式著录。

　　示例1:科学出版社(原题:科学出版社)
　　示例2:Wiley (原题:John Wiley and Sons Ltd.)

著录信息源载有多个出版者,只著录第一个或处于显要位置的出版者。

无出版者的中文文献著录"出版者不详",外文文献著录"s.n.",并置于方括号内。如果通过计算机网络存取的联机电子文献无出版者,可以省略此项。

2.4.3　出版日期

出版年采用公元纪年,并用阿拉伯数字著录。如有其他纪年形式时,将原有的纪年形式置于"( )"内。

示例1:1947(民国三十六年)

示例2:1705(康熙四十四年)

报纸和专利文献需详细著录出版日期,其形式为"YYYY-MM-DD"。

示例:2000-02-15

出版年无法确定时,可依次选用版权年、印刷年、估计的出版年。估计的出版年需置于方括号内。

2.5 页码

专著或期刊析出文献的页码或引文页码,要求用阿拉伯数字著录。

2.6 析出文献

2.6.1 析出文献与原文献的关系用"//"表示。从报纸中析出的有独立作者和独立篇名的文献与原文献的关系用"."表示。

示例1:林慧芳.美国出版业概况[M]//陈本瑞.世界出版改观.北京:中国书籍出版社,1991:1-23.

示例2:TENOPIR C. Online databases:quality control[J]. Library Journal,1987,113(3):124-125.

2.6.2 凡是从期刊中析出的文献,应在刊名之后注明其年份、卷、期、部分号、页码。对从合期中析出的文献,应在圆括号内注明合期号。

凡是在同一刊物上连载的文献,其后续部分不必另行著录,可在原参考文献后直接注明后续部分的年份、卷、部分号、页码等。

示例:1981(1):37-44;1981(2):47-52

2.6.3 凡是从报纸中析出的文献,应在报纸后著录其出版日期和版次。

示例:2000-03-14(1),其中,括号内数字表示版次,即2000年3月14日第1版。

3. 参考文献表及标注法

3.1 参考文献表

参考文献表可以按顺序编码制组织,也可以按著者-出版年制组织。

3.1.1 顺序编码制

参考文献表按顺序编码组织时,各篇文献要按正文部分标注的序号依次列出,连续编号,并将序号置于方括号内。

同一处引用多篇文献时,只需将各篇文献的序号在方括号内全部列出,各序号间用",";如遇连续号,可标注起讫号。

多次引用同一著者文献时,在正文中标注首次引用的文献序号,并在序号的"[ ]"外著录引文页码。

3.1.2 著者-出版年制

参考文献表按著者-出版年制组织时,各篇文献首先按文种集中,可分中文、日文、西文、俄文、其他文种 5 部分;然后按照著者字顺和出版年排列。中文文献可以按汉语拼音字顺排列,也可以按笔画笔顺排列。

正文引用的文献采用著者-出版年制组织时,各篇文献的标注内容由著者姓氏与出版年构成,并置于"(　)"内。倘若只标注著者姓氏无法识别该人时,可标注著者姓名。倘若正文中已提及著者姓名,则在其后的"(　)"内只须著录出版年。

在正文中引用多著者文献时,对欧美著者只标第一个著者的姓,其后附"et al";对中国著者应标注第一著者的姓名,其后附"等"字,姓氏与等字之间留空隙。

在参考文献表中著录同一著者在同一年出版的多篇文献时,出版年后应用小写字母 a,b,c…区别。

多次引用同一著者的同一篇文献时,在正文中标注著者与出版年,并在"(　)"外以角标的形式著录引文页码著录引文页码。

4. 专著著录格式

4.1 专著

以单行本形式或多卷册形式,在限定的期限内出版的非连续性出版物。它包括以各种载体形式出版的普通图书、古籍、学位论文、技术报告、会议文集、汇编、多捐本、丛书等。

4.2 专著著录格式

主要责任者. 题名:其他题名信息[文献类型标志]. 其他责任者. 版本项(第 1 版应省略). 出版地:出版者,出版年:引文页码[引用日期]. 获取和访问路径.

示例:

[1]　余敏. 出版集团研究[M]. 北京:中国书籍出版社,2001:179-193.

[2] 昂温 G,昂温 P S. 外国出版史[M]. 陈生铮,译. 北京:中国书籍出版社,1988.

[3] 辛希孟. 信息技术与信息服务国际研讨会论文集:A 集[C]. 北京:中国社会科学出版社,1994.

[4] 张志祥. 间断动力系统的随机扰动及其守恒定律方程中的应用[D]. 北京:北京大学数学学院,1998.

[5] 赵耀东. 新时代的工业工程师[M/OL]. 台北:天下文化出版社,1998[1998-09-26]. http://www.ie.nthu.edu.tw/info/ie.newie.htm(Big5).

[6] ROOD H J. Logic and structured design for computer programmers[M]. 3rd ed. [S.l.]:Brooks/Cole-Thomson Learning, 2001.

5. 专著中的析出文献著录格式

析出文献主要责任者. 析出文献题名[文献类型标志]. 析出文献其他责任者//专著主要责任者. 专著题名:其他题名信息. 版本项. 出版地:出版者,出版年:析出文献的页码[引用日期]. 获取和访问路径.

示例:

[1] 程根伟. 1998 年长江洪水的成因与减灾对策[M]//许厚泽,赵其国. 长江流域洪涝灾害与科技对策. 北京:科学出版社,1999:32-36.

[2] WEINSTEIN L,SWERTZ M N. Pathogenic properties of invading micro-organism[M]//SODEMAN W A, Jr., SODEMAN W A. Pathologic physiology: mechanism of disease. Philadelphia:1974:745-772.

6. 连续出版物著录格式

主要责任者. 题名:其他题名信息[文献类型标志]. 年,卷(期)-年,卷(期). 出版地:出版者,出版年[引用日期]. 获取和访问路径.

示例:

[1] 中国地质学会. 地质论评[J]. 1936,1(1)-,北京:地质出版社,1936-.

[2] 中国图书馆学会. 图书馆学通讯[J]. 1957(1)-1990(4). 北京:北京图书馆,1957-1990.

7. 连续出版物中的析出文献著录格式

析出文献主要责任者. 析出文献题名[文献类型标志]. 连续出版物题名:

其他题名信息,年,卷(期):页码[引用日期].获取和访问路径.

示例:

[1] 李晓东,张庆红,叶瑾琳.气候学研究的若干理论问题[J].北京大学学报:自然科学版,1999,35(1):101-106.

[2] CAPLAN P. Cataloging internet resources[J]. The Public Access Computer Systems Review,1993,4(2):61-66.

8. 专利著录格式

专著申请者或所有者.专利题名:专利国别,专利号[文献类型标志].公告日期或公开日期[引用日期].获取和访问路径.

示例:

[1] 姜锡洲.一种温热外敷药制备方案:中国,88105607.3[P].1989-07-26.

[2] 西安电子科技大学.光折变自适应光外差探测方法:中国,01128777.2[P/OL].2002-03-06[2002-05-28].http://211.152.9.47/sipoasp/zljs/hyjs-yx-new.asp?recid=01128777.2&leixin=0.

9. 电子文献著录格式

凡属电子图书、电子图书中的析出文献以及电子报刊中析出文献的著录分别按4.5.和7.中的有关规则处理。除此而外的电子文献根据本规则处理。

主要责任者.题名:其他题名信息[文献类型标志/文献载体标志].出版地:出版者,出版年(更新或修改日期)[引用日期].获取和访问路径.

示例:

[1] PACS-L:the public-access computer systems forum[EB/OL]. Houston, Tex:University of Houston Libraries,1989[1995-05-17]. http://info.lib.uh.edu/pacsl.html.

[2] Online Computer Library Center, Inc. History of OCLC[EB/OL]. [2000-01-08]. Http://www.oclc.org/about/history/default.htm.

10. 报纸中析出文献的著录格式

报纸中析出的文献著录格式与连续出版物析出文献的著录格式相同。

示例:

［1］ 丁文祥. 数字革命与竞争国际化［N］. 中国青年报,2000-11-20(15).

［2］ 张田勤. 罪犯 DNA 库与生命伦理学计划［N］. 大众科技报,2000-11-12(7).

附录4　高等学校学术规范及学术不端行为的界定

（摘引自：教育部科学技术委员会学风建设委员会组编.
高等学校科学技术学术规范指南.中国人民大学出版社,2010）

1. 引用

1.1　引用的定义

引用是指把别人说过的话（包括书面材料）或做过的事作为根据。在科学研究中，以抄录或转述的方式利用他人的著作，借用前人的学术成果，供自己著作参证、注释或评论之用，推陈出新，创造出新的成果，称为引用。但"引用"是在自己本身有著作的前提下，基于参证、注释和评论等目的，在自己著作中适当使用他人著作的某一部分。两者间为主从关系，必须以自己著作为主，利用的他人著作仅为辅佐而已。

引用要注明作者姓名、作品名称等，这很关键，常为区分抄袭与引用的界限。引文应以原始文献和第一手资料为原则。凡引用他人观点、方案、资料、数据等，无论是纸质或电子版，均应详加注释。凡转引文献资料，应如实说明。

学术论著应合理使用引文。对已有学术成果的介绍、评论、引用和注释，应力求客观、公正和准确。

在某个特定的领域内，可以在通常的教科书中很方便地找到，或者是被大家所广泛熟悉的知识称为公识(common knowledge)。对于公识，在引用时不需要证明出处。

1.2　引用的形式

（1）直接引用：指所引用的部分一字不改地照录原话，引文前后加引号。

直接引用必须：1）用引号把他人的观点、作品和自己的文章、著作区分开来;2)通过夹注、脚注或尾注注明引号范围内的信息来源,诸如:作者姓名、文章或者著作的标题、出版商、出版年月和页码;3)引用量应保持在合理限度。

（2）间接引用:指作者综合转述别人文章某一部分的意思,用自己的表达去阐述他人的观点、意见和理论,也称为释义(paraphrase)。

间接引用往往注入作者自身对原文的理解而成为一种独特的表述,因此它也是一种知识创造活动。不是只把别人的句子改动一两个单词,或者只变动句子的结构次序而让原文的词汇原封不动,也不是只选择一些同义词去替代原文的词汇。如果以这些方法重组别人的文句,就是剽窃,而不是间接引用。间接引用对注明出处的要求与直接引用相同。

1.3 合理使用和适当引用的规定

根据《著作权法》和《著作权法实施条例》相关条文的规定,"合理使用"必须具备以下几个条件:

（1）使用的作品已经发表,已经发表的作品是指著作权人自行或者许可他人公之于众的作品。

（2）使用的目的仅限于个人学习、研究或欣赏,或者为了教学、科学研究、宗教或慈善事业以及公共文化利益的需要。

（3）使用他人作品时,应当指明作者姓名、作品名称;但是,当事人另有约定或者由于作品使用方式的特性无法指明的除外。

（4）使用他人作品,不得影响该作品的正常使用,也不得损害著作权人的合法权利。以上四个条件在判断使用他人作品行为的合理性时,必须综合考虑,只要不具备其中一个条件,合理使用即不能成立。

一般学术论文是为了研究而引用已经发表的作品,只要注明了作者姓名和作品名称,不影响该作品的正常使用,就属于在"合理使用"的条件与范围之内了。在这个条件下,《著作权法》又进一步规定了"适当引用"的法律范围。

学术论文中"适当引用"的法律规定:《著作权法》第 22 条指出,"适当引用"指为介绍、评论某一作品或说明某一问题,在作品中可以适当引用他人已经发表的作品。适当引用应具备的四个条件是:

（1）引用目的仅限于介绍、评论某一作品或者说明某一问题。

（2）所引用部分不能构成引用人作品的主要部分或者实质部分。

（3）不得损害被引用作品著作权人的利益。

(4)应当指明作者姓名、作品名称。需要指出的是,构成适当引用的四个条件中,指明被引用作品作者姓名、作品名称这一条最关键。因为即使其他三个条件都符合了,唯独没有指明作者姓名、作品名称,也构成抄袭。

适当引用的四个条件之(2)"所引用部分不能构成引用人作品的主要部分或者实质部分"按通常理解,"主要部分"主要是对量的规定,"实质部分"是对质的规定。

一般而言,自己的论文中只适量地引用了他人作品中的观点、论据或内容,而不构成自己作品的主要观点及论据或主要内容,则属于适当引用的范畴;若是在自己的作品中大量地引用他人作品的观点、论据或内容,从而使自己作品的大部分或主要观点、论据或内容是照搬他人作品的结果,则属于抄袭的范畴。

从质上看,"所引用部分不能构成引用人作品的主要部分或者实质部分"可以理解为:即使在量上没占主要部分,但是该作品的实质内容即主要观点,也可说是一篇文章的核心论点是他人的,即使没有引用他人的原话或引用数量不超过法律规定的范围,即使注明了来源,也不属于适当引用。

2. 注释

2.1 注释的定义

注释亦称"注解",指对书籍、文章中的词语、引文出处等所作的说明。注释是论著的附加部分,其作用是说明引文出处,或者对需要加以解释的地方予以说明。注释的目的是为了帮助读者理解。在《著作权法》术语中,注释指对文字作品中的字、词、句进行解释。《中国学术期刊(光盘版)检索与评价数据规范(试行)》指出:"注释是对论著正文中某一特定内容的进一步解释或补充说明。"《中国高等学校自然科学学报编排规范(修订版)》中指出:"注释指作者进一步解释自己所要表达的意思,注释安排在当页页脚,用带圈数字表示序号,如注①、注②等,注释的序号与文中序号一一对应","注释是在文章中对一段话、一句话的深入解释,一般用[ ]、《 》号说明此段文字出处,或者此种观点出自何处"。

2.2 注释的形式和规定

(1)夹注。在正文中或图释中注释,即要在注释的字、词后面加上括号,在括号内写明注文。夹注有以下几种情况:一是直接引文,在引文后注明出处;二是间接引文,在表述后面注明他人的姓名及其见解发表的年份;三是对文中某个词语做简单说明或标出其另外一种提法;四是引文为短语,在引文后注明(某某语)即可。

(2)脚注。也叫页下注,即在需要注释的地方用①、②之类的标示,把注释的内容置于本页下端。

(3)尾注。把注释集中于全文、全书或书中某一章的末尾。

3. 参考文献

3.1 参考文献的定义

参考是指参合他事他说而考察之;文献是指有历史价值的图书文物资料,亦指与某一学科有关的重要图书资料,今为记录有知识的一切载体的统称,即用文字、图像、符号、声频、视频等手段记录人类知识的各种载体(如纸张、胶片、磁带、光盘等)。

《文后参考文献著录规则》(GB/T 7714—2005)提出,参考文献指"为撰写或编辑论著而引用的有关图书资料"。当然,在这里引用可以是直接引用原文,也可以是间接引用即借鉴、吸收其思想、观点;而"文后"二字,则表明参考文献不属于正文部分,而是放置在正文之后作为补充说明。

《中国学术期刊(光盘版)检索与评价数据规范(试行)》的说法是:"参考文献是作者写作论著时所参考的文献书目"。这里强调"参考"二字,即这些文献资料对作者写作该文起了参酌、参照的作用。

《中国高等学校自然科学学报编排规范(修订版)》关于参考文献有这么几段话:"为了反映论文的科学依据和作者尊重他人研究成果的严肃态度以及向读者提供有关信息的出处,应在论文的结论(无致谢段时)或致谢段之后列出参考文献表","参考文献表中列出的一般应限于作者直接阅读过的、最主要的、发表在正式出版物上的文献"。在这里,不仅指明了列出参考文献的目的,而且就其内容做出了一定的要求。

参考文献是撰写或编辑科技论著时引用的有关图书资料,是学术论著的重要组成部分,正确地引用注释和参考文献能体现科学性和严谨性,反映论著的起点和背景、深度和广度,同时反映作者承认和尊重他人研究成果及著作权的科学态度与学术品质。

3.2 参考文献的规定

（1）参考文献的选择要遵循原创性、必要性、重要性的原则。具体来说，就是要求文献必须数量充分、重点突出、原创报道、著录规范。作者要有严谨的科学态度，必须严格遵守参考文献著录的规则，著录阅读过、原创的、精选的、与所著论著相关的文献。

（2）不许因为作者或编辑部原因，故意引用本人、他人或某个刊物的文献。

（3）不得隐匿参考文献。若论著中采纳了他人的论述，吸收和利用了他人的研究成果，却有意不将其作为注释或参考文献列出，回避文献出处，使人分不清哪些是他人的已有成果，哪些是作者自己新的学术创造，就属于有意隐匿参考文献。有意隐匿重要文献是无创新性、低水平劳动的遮羞布，作者虽付出了大量劳动，得出了研究的观点，但为了突显研究的创新性，论文中故意不著录查阅到的相关或类似研究文献，等于变相将前人的成果据为己有；或为了遮掩作者研究的不足，故意隐匿他人在这方面有关的正确观点。

（4）参考文献一般放在论著尾末，编排格式可按国家标准局制定的《文后参考文献著录规则》（GB/T 7714—2005）或相关刊物的要求执行。

4. 综述

4.1 综述的定义

综述意为综合叙述的文章。英文"review"有"回顾、评述"之意。综述是对科学研究中某一方面的专题搜集大量信息资料，对大量原始研究论文中的数据、资料和主要观点进行归纳整理、分析提炼，经综合分析而写成的一种学术论文，反映当前某一领域中某分支学科或重要专题的最新进展、学术见解和建议。综述的"综"要求对文献资料进行综合分析、归纳整理，使材料精炼简明，具有逻辑层次；"述"就是要求对综合整理后的文献进行比较专门、全面、深入、系统的论述。综述属三次文献，专题性强，具有一定的认识深度和时间性，能反映出某一专题的历史背景、研究现状和发展趋势，有回顾也有瞻望，可以是提出问题，也可以是提炼新思路、新方法，具有较高的信息学价值。阅读综述，可以在较短时间内了解该专题的最新研究动态，可以了解若干篇有关该专题的原始研究论文。

在决定研究课题之前，通常必须关注的几个问题是：调研相关课题研究取得的进展;已完成的研究有哪些;以往的研究与对策是否成功;有没有建议新的研究方向和议题。文献综述旨在整合该研究课题的特定领域中已经被思考过与研究过的信息,并将此研究领域中的学者所做的努力进行系统展现、归纳和评述。

4.2 综述的特点

（1）综合性。综述要纵横交错,既要以某一专题的发展为纵线,反映当前课题的进展;又要从本单位、国内到国外,进行横的比较。只有如此,文章才会占有大量素材,经过综合分析、归纳整理、消化鉴别,使材料更精炼、更明确、更有层次和更有逻辑,进而把握本专题发展规律和预测发展趋势。

（2）评述性。是指比较专门地、全面地、深入地和系统地论述某一方面的问题,对所综述的内容进行综合、分析、评价,反映作者的观点和见解,并与综述的内容构成整体。一般来说,综述应有作者的观点,否则就不成为综述,而是手册或讲座。

（3）先进性。综述不仅是写学科发展的历史,更重要的是要搜集最新资料,获取最新内容,将最新的科学信息和科研动向及时传递给读者。

4.3 综述中的相关规定

（1）检索和阅读文献是撰写综述的重要前提工作。一篇综述的质量如何,很大程度上取决于作者对本专题相关文献的掌握程度。如果没有做好文献检索和阅读工作,就去撰写综述,是绝不会写出高水平的综述的。

（2）注意引用文献的原创性、代表性、可靠性和科学性。在搜集到的文献中可能出现观点雷同的情况,各种文献在可靠性及科学性方面存在着差异,因此在引用文献时应注意选用原创性、代表性、可靠性和科学性好的文献。

（3）以评述为主,不可罗列文献。综述一定有作者自己的整合和归纳,而不是将文献罗列。

（4）引用文献要忠实于文献内容。由于文献综述有作者自己的评论分析,因此在撰写时应分清作者的观点和文献的内容,不能篡改文献的内容。

（5）综述中引用文献与其他科研论文一样,遵守"适当引用"的规范,防止抄袭。有人错误地认为综述论文可以大段抄袭别人的研究成果,所以最容易出现抄袭现象。综述中的引用要注意以下几点,才能避免抄袭。1）引用文献要是原始文献,必须是自己通篇阅读后,了解了文献的整体意思,才能做到正确引用。不能引用别人的转述或把别人对该文献的评价作为自己的评价。2)引用文献不是照抄别人的表述方式,应该对前人文献的方法或结果进行归纳、总结、综合与分析,而不是像记流水账似的罗列。一般认为在综述中全部引用的内容不应超过50%,更多的要是作者自己的综合概括与分析,从"量"上避免抄袭。3)综述中经过对前人研究的综合概括与分析,要提出自己的观点,要从"质"上避免抄袭。

5. 编、编著和著

5.1 编、编著和著的定义

"编"原指古人用皮条或绳子把竹简编排起来,引申而有排比、整理、组织之意。书籍的编是指系统整理已知的资料或前人、他人的成果,如编辞典、教科书、年鉴等。编书是将已经存在的文章、书籍等内容有选择性地辑在一起,这些文章书籍的内容一般不是编书人自己的工作或用自己的话写出来的。

所谓著,在于言人之所未曾言,在于能发挥自己的独到见解,有开创、创新的性质。任何创造性的见解都是在前人成果的基础上取得的,因此,著也可适当引用他人的工作或成果作为参考。著书主要是用自己的语言来阐述自己的工作而形成的书。

所谓编著,将编和著有机地结合起来的工作。各学科的基本知识作品、普及性质的读物、以不同程度学生为对象的教科书以及对某些问题的综合介绍等,都是编著工作致力的对象。编与著结合起来相互补充,在编纂已有资料的基础上提出自己的见解,便是编著。编著书有的内容是自己的工作而且是用自己的语言写出来的,有的则是编进来的。

5.2 编、编著和著的区别

著、编著、编都是著作权法确认的创作行为,但独创性程度和创作结果不同。著的独创性最高,产生的是原始作品;编的独创性最低,产生的是演绎作品;编著则处于二者之间(编译类似于编著,但独创性略低于编著)。编虽然是整理前人的成果,但是需按照一定的方针、体例和中心来重新整理归纳,它不是简单的抄撮,编本身就是一门学问。著是作者(责任人)本人的创新性学术思想和研究成果,提出独到的观点或见解。独创的成果具有科学的继承性、连续性和学科之间的交叉性和渗透性,必然要引用一定量的他人的方法、数据和观点等作参考。编著是在整理已有成果的基础上有所发挥。

5.3 编、编著和著书的引用规定

(1)编书时,编者按照自己的逻辑关系将前人的成果编辑成书,例如教科书、工具书或技术手册之类的科技图书,内容可能均不是编者当时独创的,这时可以不在正文中标注出处,但应该在图书最后附上所有的参考文献,也可以在每章末列出该章的参考文献。

编书(或教科书)时将他人的作品当做书的某篇章,不属于《著作权法》第22条所说的合理引用,而应属于复制他人作品的行为。这种情况下,使用人虽然指明所使用的作品的作者姓名和作品名称,但是,这种使用行为不符合《著作权法》规定的合理引用的目的,因为根据著作权法的规定,应当经作者的许可方可使用。如果未经作者许可就使用其作品,则属于对作者著作权的侵害。

(2)编著工作要求编著者对于自己所从事的专业要有深入全面地理解,对于资料能辨别主次,善于取舍,在文字表达上能做到叙述条理清晰,深入浅出。寓著于编,从整理、叙述已有成果上表达作者自己的立场、观点。编著不但要向读者提供具体的知识,而且要从体系、方法方面给予读者以启发,使之能作进一步的探索。编著中的引文部分需在正文中表明出处,可采用"顺序编码制"或"作者—出版年制",并在文末或章节末列出参考文献的详细信息。在书后象征性地列举几个参考文献,或者仅用某些名家文献做点缀,或在前言、后记中说什么"引用文献未注明出处,在此一并表示感谢"云云,都是不合乎学术规范的,实际是为其抄袭行径作掩护。

编著经常有多人参加,参编人员可能分章节编写内容,一个编者可能同时或先后参加不同书籍的编写,有时会出现编写内容大量的重复,甚至完全相同,这是不合乎学术规范的。

(3)著书(专著)从内容来说是对某一知识领域所作的探索,是新的学术研究成果。它是属于一(学)派一家之言,并以本专业的研究人员及专家学者为主要读书对象的。专著必须包含作者(责任者)本人的创新性学术思想和研究成果,提出独到的观点或见解,唯有如此才堪称为"专著",作者才能称其为"著者"。任何一部具有创新内容的学术专著都必然要引用一定量的相关参考文献,从学术道德、学术规范和著作权角度看,为严格而明确地区分著者的创新内容与引用文献内容,必须按规范引用、标注和著录参考文献。否则,不但无法明确体现著者的地位和水平,还会造成抄袭和剽窃的嫌疑。科技专著应该严格按照参考文献著录规则,用"顺序编码制"或"作者—出版年制"在正文中具体标注引文信息,并在全书最后著录全部参考文献。

著作中的引文要注意"量"和"质"的问题,在引用"量"上不能大段引用其他著作的文字,在"质"上不能直接引用和自己作品相同的实质性内容;还应该在作品的适当位置如在注释或参考文献中,较为详细地说明被引用著作的相关信息,一般包括作者姓名、著作名称、出版社和出版时间等内容。如果作者作品中的引文已构成对已有作品的实质性使用,或者包含对已有作品的汇集或改写成分,作者的创作行为应该视为编著。

6. 学术不端行为的界定

6.1 抄袭和剽窃

6.1.1 抄袭和剽窃的定义

抄袭和剽窃是一种欺骗形式,它被界定为虚假声称拥有著作权,即取用他人思想产品,将其作为自己的产品的错误行为。在自己的文章中使用他人的思想见解或语言表述,而没有申明其来源。

2001 年 10 月修订的《中华人民共和国著作权法》第 46 条规定,抄袭和剽窃的法律后果是"……应当根据情况,承担停止侵害、消除影响、赔礼道歉、赔偿损失等民事责任"。文化部 1984 年 6 月颁布的《图书期刊版权保护试行条例》第 19 条第 1 项所指"将他人创作的作品当做自己的作品发表,不论是全部发表还是部分发表,也不论是原样发表还是删节、修改后发表"的行为,应该认为是剽窃与抄袭行为。

一般而言,抄袭是指将他人作品的全部或部分,以或多或少改变形式或内容的方式当做自己的作品发表;剽窃指未经他人同意或授权,将他人的语言文字、图表公式或研究观点,经过编辑、拼凑、修改后加入到自己的论文、著作、项目申请书、项目结题报告、专利文件、数据文件、计算机程序代码等材料中,并当作自己的成果而不加引用的公开发表。

尽管"抄袭"与"剽窃"没有本质的区别,在法律上被并列规定为同一性质的侵权行为,其英文表达也同为 plagiarize,但二者在侵权方式和程度上还是有所差别的:抄袭是指行为人不适当引用他人作品以自己的名义发表的行为;而剽窃则是行为人通过删节、补充等隐蔽手段将他人作品改头换面而没有改变原有作品的实质性内容,或窃取他人的创作(学术)思想或未发表成果作为自己的作品发表。抄袭是公开的照搬照抄,而剽窃却是偷偷的、暗地里的。

6.1.2 抄袭和剽窃的形式

(1)抄袭他人受著作权保护的作品中的论点、观点、结论,而不在参考文献中列出,让读者误以为观点是作者自己的。

(2)窃取他人研究成果中的调研、实验数据、图表,照搬或略加改动就用于自己的论文。

(3)窃取他人受著作权保护的作品中的独创概念、定义、方法、原理、公式等据为己有。

(4)片段抄袭,文中没有明确标注。

(5)整段照抄或稍改文字叙述,增删句子,实质内容不变,包括段落的拆分合并、段落内句子顺序改变等,整个段落的主体内容与他人作品中对应的部分基本相似。

(6)全文抄袭,包括全文照搬(文字不动)、删简(删除或简化,将原文内容概括简化、删除引导性语句或删减原文中其他内容等)、替换(替换应用或描述的对象)、改头换面(改变原文文章结构,或改变原文顺序,或改变文字描述等)、增加(一是指简单的增加,即增加一些基础性概念或常识性知识等;二是指具有一定技术含量的增加,即在全包含原文内容的基础上,有新的分析和论述补充,或基于原文内容和分析发挥观点)。

(7)组合别人的成果,把字句重新排列,加些自己的叙述,字面上有所不同,但实质内容就是别人成果,并且不引用他人文献,甚至直接作为自己论文的研究成果。

(8)自己照抄或部分袭用自己已发表文章中的表述,而未列入参考文献,应视作"自我抄袭"。

6.1.3 抄袭和剽窃行为的界定

根据《中华人民共和国著作权法》,抄袭和剽窃侵权与其他侵权行为一样,需具备四个条件:第一,行为具有违法性;第二,有损害的客观事实存在;第三,和损害事实有因果关系;第四,行为人有过错。由于抄袭物在发表后才产生侵权后果,即有损害的客观事实,所以通常在认定抄袭时都指已经发表的抄袭物。

我国司法实践中认定抄袭和剽窃一般来说遵循三个标准:第一,被剽窃(抄袭)的作品是否依法受《著作权法》保护。第二,剽窃(抄袭)者使用他人作品是否超出了"适当引用"的范围。这里的范围不仅要从"量"上来把握,而且更主要的还要从"质"上来确定。第三,引用是否标明出处。

这里所说的引用"量",国外有些国家做了明确的规定,如有的国家法律规定不得超过四分之一,有的则规定不超过三分之一,有的规定引用部分不超过评价作品的十分之一。我国《图书期刊保护试行条例实施细则》第15条明确规定:引用非诗词类作品不得超过2 500字或被引用作品的十分之一;凡引用一人或多人的作品,所引用的总量不得超过本人创作作品总量的十分之一。目前,我国对自然科学的作品尚无引用量上的明确规定,考虑到一篇科学研究的论文在前言和结果分析部分会较多引用前人的作品,所以建议在自然科学和工程技术学术论著中,引用部分一般不超过本人作品的五分之一。对于引用"质",一般应掌握以下界限:(1)作者利用另一部作品中所反映的主题、题材、观点、思想等再进行新的发展,使新作品区别于原作品,而且原作品的思想、观点不占新作品的主要部分或实质部分,这在法律上是允许的。(2)对他人已发表作品所表述的研究背景、客观事实、统计数字等可以自由利用,但要注明出处,即使如此也不能大段照搬他人表述的文字。(3)《著作权法》保护独创作品,但并不要求其是首创作品,作品虽然类似但如果系作者完全独立创作的,则不能认为是剽窃。

6.2 伪造和篡改

6.2.1 伪造和篡改的定义

伪造是在科学研究活动中,记录或报告无中生有的数据或结果的一种行为。伪造不以实际观察和试验中取得的真实数据为依据,而是按照某种科学假说和理论演绎出的期望值,伪造虚假的观察与试验结果。

篡改是在科学研究活动中,操纵试验材料、设备或步骤,更改或省略数据或部分结果使得研究记录不能真实地反映实际情况的一种行为。某些科研人员在取得试验数据后,或为了使结果支持自己的假设,或为了附和某些已有的研究结果,对试验数据进行"修改加工",按照期望值随意篡改或取舍数据,以符合自己期望的研究结论。

6.2.2 伪造和篡改的形式

(1) 伪造试验样品。

(2) 伪造论文材料与方法而实际没有进行的试验,无中生有。

(3) 伪造和篡改试验数据,伪造虚假的观察与试验结果,故意取舍数据和篡改原始数据,以符合自己期望的研究结论。

(4) 虚构发表作品、专利、成果等。

(5) 伪造履历、论文等。

6.2.3 伪造和篡改行为的危害

伪造和篡改都属于学术造假,其特点是研究成果中提供的材料、方法、数据、推理等方面不符合实际,无法通过重复试验再次取得,有些甚至连原始数据都被删除或丢弃,无法查证。这两种做法是科学研究中最恶劣的行为,因为这直接关系到与某项研究有关的所有人和事的可信性。涉及实验中数据伪造和各种实验条件更改的学术欺骗却并不容易被发现,而且调查起来也需要专门人员介入,并要重现实验过程,因而颇有难度。伪造和篡改的发现多是在文章发表一段时间后,实验不能重复或者实验数据相互矛盾,致使专家提出质疑,或是实验室内部人员揭发,才能发现。

科学研究的诚信取决于实验过程和数据记录的真实性。篡改和伪造会引起科学诚信上的严重问题,使得科学家们很难向前开展研究,也会导致许多人在一条"死路"上浪费大量时间、精力和资源。

6.3 一稿多投和重复发表

6.3.1 一稿多投的定义

一稿多投是指同一作者,在法定或约定的禁止再投期间,或者在期限以外获知自己作品将要发表或已经发表,在期刊(包括印刷出版和电子媒体出版)编辑和审稿人不知情的情况下,试图或已经在两种或多种期刊同时或相继发表内容相同或相近的论文。《中华人民共和国著作权法》第32条第1款设定了"一稿多投"的法律规定。如果是向期刊社投稿,则法定再投稿期限为"自稿件发出之日起三十日内"。约定期限可长可短,法定期限服从于约定期限。法定期限的计算起点是"投稿日",而约定期限可以是"收到稿件日"或"登记稿件日",法定期限的终点是"收到期刊社决定刊登通知日"。

国际学术界对于"一稿多投"的较为普遍认同的定义是：同样的信息、论文或论文的主要内容在编辑和读者未知的情况下，于两种或多种媒体（印刷或电子媒体）上同时或相继报道。

重复发表是指作者向不同出版物投稿时，其文稿内容（如假设、方法、样本、数据、图表、论点和结论等部分）有相当重复而且文稿之间缺乏充分的交叉引用或标引的现象。这里涉及两种不同的行为主体，一种是指将自己的作品或成果修改或不修改后再次发表的行为，另一种是指将他人的作品或成果修改或不修改后再次发表的行为。后者是典型的剽窃、抄袭行为，在这里所说的重复发表仅指第一种行为主体。

凡属原始研究的报告，不论是同语种还是不同语种，分别投寄不同的期刊，或主要数据和图表相同、只是文字表达有些不同的两篇或多篇期刊文稿，分别投寄不同的期刊，属一稿两（多）投；一经两个（或多个）刊物刊用，则为重复发表。会议纪要、疾病的诊断标准和防治指南、有关组织达成的共识性文件、新闻报道类文稿分别投寄不同的杂志，以及在一种杂志发表过摘要而将全文投向另一种杂志，不属一稿两投。但作者若要重复投稿，应向相关期刊编辑部做出说明。

6.3.2 一稿多投的形式

（1）完全相同型投稿。

（2）肢解型投稿。比如作者把 A 文章分成 B 文章和 C 文章，然后把 A、B、C 三篇文章投递给不同的期刊。

（3）改头换面型投稿。作者仅对文章题目做出改变，而结构和内容不做变化。

（4）组合型投稿。除了改换文章题目外，对段落的前后连接关系进行调整，但整体内容不变。

（5）语种变化型投稿。比如，作者把以中文发表的论文翻译成英文或其他外文，在国际著作权公约缔约国的期刊上发表，这在国际惯例中也属于一稿多投，是违反国际著作权公约准则的行为。

6.3.3 一稿多投行为的界定

构成"一稿多投"行为必须同时满足四个条件：

（1）相同作者。对于相同作者的认定，包括署名和署名的顺序。鉴于学术文章的署名顺序以作者对论文或者科研成果的贡献而排列,调整署名顺序并且再次投稿发表的行为,应当从学术剽窃的角度对行为人进行处理。因同一篇文章的署名不同,应认定为"剽窃",不属于"一稿多投"。

(2) 同一论文或者这一论文的其他版本。将论文或者论文的主要内容,以及经过文字层面或者文稿类型变换后的同一内容的其他版本、载体格式再次投稿,也属于"一稿多投"。

(3) 在同一时段故意投给两家或两家以上学术刊物,或者非同一时段但已知该论文已经被某一刊物接受或发表仍投给其他刊物。

(4) 在编辑未知的情况下的"一稿多投"。

根据国际学术界的主流观点,以下类型的重复发表不属于"一稿多投"行为,可以再次发表:

(1) 在专业学术会议上做过的口头报告或者以摘要、会议墙报的形式发表过的初步研究结果的完整报告,可以再次发表,但不包括以正式公开出版的会议论文集或类似出版物形式发表的全文。

(2) 在一种刊物上发表过摘要或初步报道,而将全文投向另一种期刊的文稿。

(3) 有关学术会议或科学发现的新闻报道类文稿,可以再次发表,但此类报道不应通过附加更多的资料或图表而使内容描述过于详尽。

(4) 重要会议的纪要,有关组织达成的共识性文件,可以再次发表,但应向编辑部说明。

(5) 对首次发表的内容充实了 50% 或以上数据的学术论文,可以再次发表。但要引用上次发表的论文(自引),并向期刊编辑部说明。

(6) 论文以不同或同一种文字在同一种期刊的国际版本上再次发表。

(7) 论文是以一种只有少数科学家能够理解的非英语文字(包括中文)已发表在本国期刊上的属于重大发现的研究论文,可以在国际英文学术期刊再次发表。当然,发表的首要前提是征得首次发表和再次发表的期刊的编辑部的同意。

(8) 同一篇论文在内部资料上刊登后,可以在公开发行的刊物上发表。

以上再次发表均应向期刊编辑部充分说明所有的、可能被误认为是相同或相似研究工作的重复发表,并附上有关材料的复印件;必要时还需从首次发表的期刊获得同意再次发表的有关书面材料。

附录5　教育部学位论文作假行为处理办法

（教育部令第34号文件《学位论文作假行为处理办法》经国务院学位委员会同意，自2013年1月1日起施行）

第一条　为规范学位论文管理，推进建立良好学风，提高人才培养质量，严肃处理学位论文作假行为，根据《中华人民共和国学位条例》、《中华人民共和国高等教育法》，制定本办法。

第二条　向学位授予单位申请博士、硕士、学士学位所提交的博士学位论文、硕士学位论文和本科学生毕业论文（毕业设计或其他毕业实践环节）（统称为学位论文），出现本办法所列作假情形的，依照本办法的规定处理。

第三条　本办法所称学位论文作假行为包括下列情形：

（一）购买、出售学位论文或者组织学位论文买卖的；

（二）由他人代写、为他人代写学位论文或者组织学位论文代写的；

（三）剽窃他人作品和学术成果的；

（四）伪造数据的；

（五）有其他严重学位论文作假行为的。

第四条　学位申请人员应当恪守学术道德和学术规范，在指导教师指导下独立完成学位论文。

第五条　指导教师应当对学位申请人员进行学术道德、学术规范教育，对其学位论文研究和撰写过程予以指导，对学位论文是否由其独立完成进行审查。

第六条　学位授予单位应当加强学术诚信建设，健全学位论文审查制度，明确责任、规范程序，审核学位论文的真实性、原创性。

第七条　学位申请人员的学位论文出现购买、由他人代写、剽窃或者伪造数据等作假情形的,学位授予单位可以取消其学位申请资格;已经获得学位的,学位授予单位可以依法撤销其学位,并注销学位证书。取消学位申请资格或者撤销学位的处理决定应当向社会公布。从做出处理决定之日起至少3年内,各学位授予单位不得再接受其学位申请。

前款规定的学位申请人员为在读学生的,其所在学校或者学位授予单位可以给予开除学籍处分;为在职人员的,学位授予单位除给予纪律处分外,还应当通报其所在单位。

第八条 为他人代写学位论文、出售学位论文或者组织学位论文买卖、代写的人员,属于在读学生的,其所在学校或者学位授予单位可以给予开除学籍处分;属于学校或者学位授予单位的教师和其他工作人员的,其所在学校或者学位授予单位可以给予开除处分或者解除聘任合同。

第九条 指导教师未履行学术道德和学术规范教育、论文指导和审查把关等职责,其指导的学位论文存在作假情形的,学位授予单位可以给予警告、记过处分;情节严重的,可以降低岗位等级直至给予开除处分或者解除聘任合同。

第十条 学位授予单位应当将学位论文审查情况纳入对学院(系)等学生培养部门的年度考核内容。多次出现学位论文作假或者学位论文作假行为影响恶劣的,学位授予单位应当对该学院(系)等学生培养部门予以通报批评,并可以给予该学院(系)负责人相应的处分。

第十一条 学位授予单位制度不健全、管理混乱,多次出现学位论文作假或者学位论文作假行为影响恶劣的,国务院学位委员会或者省、自治区、直辖市人民政府学位委员会可以暂停或者撤销其相应学科、专业授予学位的资格;国务院教育行政部门或者省、自治区、直辖市人民政府教育行政部门可以核减其招生计划;并由有关主管部门按照国家有关规定对负有直接管理责任的学位授予单位负责人进行问责。

第十二条 发现学位论文有作假嫌疑的,学位授予单位应当确定学术委员会或者其他负有相应职责的机构,必要时可以委托专家组成的专门机构,对其进行调查认定。

第十三条 对学位申请人员、指导教师及其他有关人员做出处理决定前,应当告知并听取当事人的陈述和申辩。

当事人对处理决定不服的,可以依法提出申诉、申请行政复议或者提起行政诉讼。

第十四条 社会中介组织、互联网站和个人,组织或者参与学位论文买卖、代写的,由有关主管机关依法查处。

学位论文作假行为违反有关法律法规规定的,依照有关法律法规的规定追究法律责任。

第十五条 学位授予单位应当依据本办法,制定、完善本单位的相关管理规定。

第十六条 本办法自 2013 年 1 月 1 日起施行。